活性可控表面活性剂应用基础与技术开发

侯庆锋　著

石油工业出版社

内容提要

本书围绕活性可控表面活性剂在油气开发应用过程中的特点，结合最新研究成果，重点阐述了 CO_2/N_2 开关型表面活性剂 N'-长链烷基脒和温度响应型嵌段聚合物表面活性剂的制备、合成机理，优化合成工艺和应用性能。并结合分子动力学模拟，探讨了温度、气量、浓度等环境因素对 N'-长链烷基脒开关性能的影响规律，明确了长链烷基脒的 CO_2/N_2 开关性能及关键影响因素。

本书可供从事油气开发相关工作的研究人员、工程技术人员参考。

图书在版编目(CIP)数据

活性可控表面活性剂应用基础与技术开发／侯庆锋著．—北京：石油工业出版社，2020.9
ISBN 978-7-5183-4133-7

Ⅰ．①活… Ⅱ．①侯… Ⅲ．①表面活性剂-研究
Ⅳ．①TQ423

中国版本图书馆 CIP 数据核字(2020)第 124158 号

出版发行：石油工业出版社
　　　　　（北京安定门外安华里 2 区 1 号楼　　100011）
　　　　　网　址：www.petropub.com
　　　　　编辑部：(010)64523738　图书营销中心：(010)64523633
经　　销：全国新华书店
印　　刷：北京中石油彩色印刷有限责任公司

2020 年 9 月第 1 版　　2020 年 9 月第 1 次印刷
787×1092 毫米　开本：1/16　印张：11
字数：254 千字

定价：150.00 元
（如出现印装质量问题，我社图书营销中心负责调换）

前　言
PREFACE

油气开发的众多过程(如钻完井、压裂酸化、化学复合驱、气井排水采气、稠油化学开采、采出液高效处理、油气集输等)均需要具有降低表面张力、改善介质润湿性、乳化、渗透以及起泡等功能的表面活性剂来增溶疏水有机物，稳定气液界面或液液界面。常规表面活性剂在发生作用后，往往难以与增溶物质分离，使含有表面活性剂的污水处理困难，导致后续处理成本高。直接排放不但造成大量浪费，而且会造成严重的环境污染。

活性可控表面活性剂是近年发展起来的一类表面活性剂，其界面活性随环境条件而变化。通过表面活性剂分子结构设计，使其具有活性可控环境敏感基团，可赋予这类表面活性剂根据环境变化(温度、矿化度、pH、磁场、二氧化碳、氧气、光、化学剂、油水饱和度等)的双向可逆调控的能力。如将活性可控表面活性剂应用于油气开发过程，有望大幅度提高驱油过程中采出液油水分离效率，简化生产流程，实现驱油表面活性剂体系性能的全流程调控。目前，活性可控表面活性剂的研究主要集中在乳液聚合、纳米材料、环境保护等领域，总体处于起步和探索阶段，其在油气田开发领域的应用，国内外鲜有报道。因此，亟待深入研究并加以利用。

2015年，中国石油勘探开发研究院启动了"活性可控型表面活性剂的研究"项目，超前储备研发新一代油气田开发用的活性可控型表面活性剂。2017年，"活性可控表面活性剂性能调控机理研究"项目得到了首批中国石油天然气股份有限公司直属院所基础研究和战略储备技术研究基金资助。攻关团队历时5年的自主创新，在CO_2响应表面活性剂、温度响应表面活性剂、磁场响应表面活性剂和金属离子响应表面活性剂等方面取得了多项理论与技术突破。

本书结合活性可控表面活性剂最新研究进展，重点对CO_2响应型和温度响应型表面活性剂的性质、特点、合成方法及其应用性质等理论基础进行了介绍。本书共分为5章。其中，第1章为胶体界面化学基础，包括胶体、界面的基本概念和分类以及常规的表面活性剂体系等；第 2 章环境响应型表面活性剂及其活性调控原理，内容涉及 pH 响应型、光响应型、温度响应型、离子响应型、CO_2/N_2 响应型等不同环境响应型表面活性剂的特点和活性原理；第 3 章 CO_2 响应型表面活性剂，重点围绕 CO_2/N_2 敏感开关型表面活性剂–N'–长链烷基脒的合成、优化和应用性能方面的理论成果与方法进行了阐述；第 4 章温度响应型表面活性剂，重点阐述了温度响应型表面活性剂 PEG–b–PNIPAM 链段聚合物的合成、LCST 调控和应用性能方面的理论与技术成果；第 5 章活性可控表面活性剂的分子模拟，包括 CO_2/N_2 开关型表面活性剂分子模拟和多肽类离子响应表面活性剂分子的动力学模拟，主要从原子尺度下剖析界面结构信息和动力学信息以及界面稳定性。

本书的出版得到了石油工业出版社和中国石油勘探开发研究院的大力支持；编写过程中得到了张立虎、陆现彩、莫宏、章峻、沈健、王源源、王哲、杨慧、郭东红、张怀斌、耿东士、管保山、王胜启、朱友益、李辉、常志东、陈掌星、潘玉全、廖广志等专家的大力协助，并提出了许多宝贵意见，天津大学赵玉军博士和徐艳博士协助校对了全书，在此一并致谢。

本书编写时参考和引用了大量的文献资料，包括一些近年来表面活性剂研究和应用方面的最新成果，在此对这些文献资料的作者表示真诚的谢意，引用不当之处请见谅、指正。

由于水平所限，书中疏漏及错误在所难免，恳请读者批评指正。

目　录
CONTENTS

第4章 温度响应型表面活性剂 ………………………………………（73）

第1章 胶体界面化学基础

1.1 基本概念

1.1.1 胶体

胶体(Colloid)又称胶状分散体(Colloidal Dispersion)[1]，是一种较均匀混合物，在胶体中含有两种不同状态的物质，一种是分散相，另一种是连续相。根据分散相颗粒的大小，可以把分散体系分为粗分散体系、胶体分散体系和溶液。分散相颗粒直径为 1~100nm 的分散体系是胶体，其分散相颗粒直径介于粗分散体系和溶液之间。胶体是一种高度分散的多相不均匀体系。

胶体的特征是：胶体分散体系中分散相的颗粒直径处于宏观和微观之间的介观领域，其性质既不同于体相物质，也不同于单个分子及原子，具有特殊性。

1.1.2 界面

体系中任何一个均匀的、可用机械方法分离开的部分称为一个相。两相之间的接触面即为界面。界面通常分为气液界面、气固界面、液液界面、液固界面及固固界面 5 类[1]，其中与气相相关的界面又称表面。

界面是由一相到另一相的过渡区域。随着从一相到另一相，其组成和性质是渐变的。两个相的截然分界面是不存在的。尽管界区内组成和性质是渐变的、不均匀的，但是还是常常把界面区作为一相来处理，即界面相。与界面相相邻的两个均匀的相称为本体相。

1.1.3 胶体与界面化学

胶体化学主要研究的是微不均相体系，如果用它来研究大分子溶液，就必然会涉及对界面化学的研究，要从界面研究的角度去说明。因此，二者的关系极为紧密，故合在一起被称为胶体与界面化学。

胶体与界面化学的应用十分广泛，从人们的日常生活到工农业生产，乃至高科技领域都有十分重要的应用[3]。例如，日常生活中的洗涤剂和化妆品，工农业生产中的驱油剂、杀虫剂等，高科技领域中的纳米材料催化剂、药物缓释和靶向给药微胶囊，以及未来计算机的芯片等的设计、制造和使用都与胶体与界面化学密切相关。同时，对胶体与界面化学的基本理论进行深入研究，并研究其与其他学科，特别是新兴学科(如纳米材料化学和超分子化学等)的交叉与融合将具有十分重要的意义。

1.2 气液界面及相关的胶体体系

1.2.1 表面张力和表面自由能[4]

液体分子在表面上的受力状况与其在体相中的受力状态截然不同，如图1.1所示。体相分子受力对称，合力约等于零，因此，体相中的分子做无规则热运动。表面分子受到液体内部分子向下的引力和气体分子向上的引力，周围分子对它各相的引力是不同的。液相分子对它的引力较大，气相分子引力较小，结果使表面分子受到指向液体内部的拉力，有自动向液体内部迁移的倾向。这种沿着液体表面、指向表面内部的力，称为表面张力。

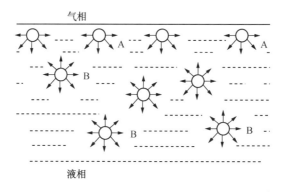

图 1.1 表面上(A)和液体内部分子(B)受力示意图[2]

表面张力是液体的基本物理化学性质之一，一定成分的液体在一定温度、压力下有一定的表面张力数值，通常以 mN/m 为单位。

当用金属丝弯成一方框，使其一边可以自由移动，让液体在此框上形成液膜，活动边长为 L，欲使体系平衡，必须施加一适当的力 F 于活动边上，由于处于平衡状态，因此可推断活动边受到与外力 F 值大小相等、方向相反的力作用，这个力就是表面张力。根据力的平衡，可以得到：

$$F = 2L\gamma \tag{1.1}$$

式中　γ——表面张力，N/m；

　　　F——施加于金属丝框的外力，N；

　　　L——金属框活动边的边长，m。

由此可看出，液体的表面张力是作用表面上单位长度，沿其液面相切的方向收缩表面的力。

在上述体系中，液膜在外力 F 作用下沿金属丝框扩大距离 d 时，在可逆情况下，外力对体系所做的功 $W = Fd = 2Ld\gamma$，在恒温恒压条件下，此功等于体系吉布斯自由能的增量 $\Delta G = 2\sigma Ld$，即

$$\sigma = \frac{\Delta G}{2Ld} = \frac{2Ld\gamma}{2Ld} = \gamma \qquad (1.2)$$

式中 σ——恒温恒压下增加单位表面时体系吉布斯自由能的增量，称为比表面自由能，

$\sigma = \left(\dfrac{\partial G}{\partial A}\right)_{T,p}$，对于液体，有 $\sigma = \gamma$；

ΔG——吉布斯自由能的增量；

γ——表面张力，N/m；

d——液膜在外力 F 作用下沿金属丝框扩大距离，m；

L——金属丝框活动边的边长，m。

从以上分析可以看出，液体的表面张力是传统"力"的概念的延伸，是人们研究物体受力作用时所产生的结果。比表面自由能是应用热力学理论来研究表面现象的量，从能量的观点来研究自然界的表面现象。

液体表面张力和比表面自由能是分别用力学方法和热力学方法处理表面现象时采用的物理量，具有不同的物理意义，但有相同的量纲，在数值上的相等，这实质上体现了功和能的关系。

1.2.2　溶液表面的吸附

对于纯液体而言，当压力和温度恒定时，其表面张力是不变的。但对于溶液来说，其表面张力还与溶液的组成有关。通过添加表面活性剂可以改变溶液的表面张力。表面活性剂分子一般由两部分构成：其中一部分为非极性的疏水基团，称为疏水基；另一部分为极性的亲水基团，称为亲水基。根据亲水基的类型，可以把表面活性剂分为离子表面活性剂、非离子表面活性剂和混合型表面活性剂。

溶质在溶液表面层(表面相)中的浓度与在溶液本体(体相)中浓度不同的现象称为吸附[5]。溶液表面吸附产生的原因是，系统为尽可能降低表面吉布斯自由能，而自动调整溶质在表面相和体相中的分布。吸附分为正吸附和负吸附：表面浓度大于本体相浓度的现象称为正吸附；表面浓度小于本体相浓度的现象称为负吸附。

在单位面积的表面层中，所含溶质的物质的量与同量溶剂在溶液本体中所含物质的量的差值，称为溶质的表面过剩或表面吸附量 Γ。对于稀溶液，表面吸附量可以用吉布斯吸附等温式来计算，即

$$\Gamma = -\frac{1}{RT}\left(\frac{\partial \gamma}{\partial \ln a}\right)_T \qquad (1.3)$$

式中 Γ——表面吸附量，mol/m^2，Γ 为正值时是正吸附，Γ 为负值时是负吸附；

γ——表面张力，N/m；

a——溶液中溶质的活度，mol/L；

T——体系的温度，K；

R——气体常数。

1.2.3　泡沫[1]

泡沫分为球形泡沫和多面体泡沫。前者为气体被较厚的液膜隔开，且为球状时的泡

沫。有人认为，这类似于气体分散于液体中形成的"乳液"。后者则是气体被网状的薄膜分隔开，各个被液膜包围的气泡为了保持压力平衡而变形为多面体。多面体泡沫可以由球形泡沫经充分排液后形成。

泡沫是气体分散在液相中的一种分散体系，具有大的气液界面，是热力学不稳定体系。影响泡沫稳定性的因素有[1]：

（1）排液。泡沫壁中的液体会逐渐渗出，在重力作用下膜中的液体会向下流，液膜的上部不断变薄，达到一定的程度时破裂。

（2）气体扩散。小气泡内的压力比大气泡内的高，气体自动由小气泡渗透进入大气泡，最后小气泡消失。这样，在液膜不破坏的情况下，泡沫也会发生变化，减少了其总膜面积。

（3）破裂。泡沫具有大的比表面积和高的表面能，故会自发破裂以降低其能量。破裂时先形成小孔。液膜越薄，形成小孔的活化能越低。对于很薄的膜，甚至可以降低分子动能大小。

但泡沫在合适的条件下，也可以稳定存在一定时间。增强表面黏度，使液膜不容易受外界扰动而破裂，从而使泡沫稳定；同时，在泡沫形成时可以加入适当的固体粉末，形成固态膜泡沫，可以增强膜的机械强度，使其难以破裂。

1.3　液液界面及相关的胶体体系

1.3.1　液液界面张力

两种不混溶的或不完全混溶的液体互相接触的物理界面即为液液界面。

当一种液滴滴到另一种液体形成的液面上时，会出现两种现象[1]：一种是被滴加的液体在液面上展开，即铺展；另一种是被滴加的液体在液面上不展开，形成"透镜"。铺展过程形成了单位界面积，铺展过程中的吉布斯自由能增量为：

$$\Delta G = \gamma_A - \gamma_B + \gamma_{AB} \qquad (1.4)$$

式中　ΔG——吉布斯自由能增量；

γ_A——液体 A 相互饱和后的表面张力，N/m；

γ_B——液体 B 相互饱和后的表面张力，N/m；

γ_{AB}——液体 A 与液体 B 界面处的界面张力，N/m。

令 $S = -\Delta G = \gamma_A + \gamma_B - \gamma_{AB}$，称 S 为液体 A 在液体 B 上的铺展系数，是反映某种液体在另一种液体上的铺展行为的参数。若 $S>0$，则液体 A 可以自发地在液体 B 上铺展，此时整个体系的界面自由能降低了；而若 $S<0$，则液体 A 不能在液体 B 上铺展，因为整个体系的界面自由能升高了。

前面提到的 γ_{AB} 即为液液界面的界面张力。液液界面的界面张力与界面的组成有关，且极大地影响了界面的物理化学性质。γ_{AB} 可以由实验测定，也可以通过以下几种方法来计算。

（1）Antonoff 规则[6]。

Antonoff 最早提出了估算液液界面张力的最简公式：

$$\gamma_{AB} = |\gamma_A - \gamma_B| \tag{1.5}$$

式中　γ_A 和 γ_B ——液体 A 和液体 B 相互饱和后的表面张力；

γ_{AB} ——两者的界面张力。

该规则的主要缺陷在于，假设在界面上的分子不论是 A 或 B，它受到 A 相的引力应等于 A 分子间的作用力，受到 B 相的引力应等于 B 分子间的作用力。显然，这忽略了 A 分子与 B 分子间的相互作用力。

（2）Good-Girifalco 理论[1]。

Good 和 Girifalco 认为液体 A 和液体 B 形成的界面，其界面张力可看成将 A 分子和 B 分子的气液界面的表面张力之和减去迁入界面时受到的相互作用的界面张力。这种界面张力与液体 A 和液体 B 表面张力几何平均值成正比。

将 A 分子由液相 A 迁入 AB 界面形成单位界面时所需功为：

$$W_A = \gamma_A - \phi_{AB}\sqrt{\gamma_A\gamma_B} \tag{1.6}$$

同理，B 分子从液体 B 迁入界面时所需功为：

$$W_B = \gamma_B - \phi_{AB}\sqrt{\gamma_A\gamma_B} \tag{1.7}$$

形成单位 AB 液液界面的总功为 $W_A + W_B$，界面张力为：

$$\gamma_{AB} = \gamma_A + \gamma_B - 2\phi_{AB}\sqrt{\gamma_A\gamma_B} \tag{1.8}$$

式中　ϕ_{AB} ——分子间相互作用的校正系数，它与分子体积、分子偶极矩、极化率、分子引力、第一电离能等因素有关；

γ_A ——液体 A 相互饱和后的表面张力，N/m；

γ_B ——液体 B 相互饱和后的表面张力，N/m；

γ_{AB} ——液体 A 与液体 B 界面处的界面张力，N/m。

（3）Fowkes 理论[1]。

分子间相互作用力有多种类型，包括色散力、氢键、π 键、金属键、离子键等。Fowkes 设想表面张力是各种分子间作用力贡献之和，故有：

$$\gamma = \gamma^d + \gamma^h + \gamma^M + \gamma^\pi + \gamma^i \tag{1.9}$$

式中　γ^d ——分子间色散力；

γ^h ——氢键；

γ^M ——金属键；

γ^π ——π 键；

γ^i ——离子键。

而在这些相互作用中，只有色散力可以通过相界面，因此有 $\phi_{AB} = 1$，则

$$\gamma_{AB} = \gamma_A + \gamma_B - 2\sqrt{\gamma_A^d\gamma_B^d} \tag{1.10}$$

1.3.2　液液界面吸附

当两种液体形成液液界面，液体中溶有其他组分时，也会发生界面吸附。若液体 1 与液体 2 形成了液液界面，同时溶有在两相中均有分布的溶质 3，且两种液体不互溶，那么吉布斯吸附公式为[7]：

$$\varGamma_3^{(1)} = -\frac{1}{RT}\left(\frac{\partial \gamma_{12}}{\partial \ln a_3}\right) \tag{1.11}$$

式中　$\varGamma_3^{(1)}$——溶质 3 在液体 1 中的表面吸附量，mol/m^2；

　　　γ_{12}——液体 1 和液体 2 界面处的界面张力，N/m；

　　　a_3——溶液中溶质 3 的活度，mol/L；

　　　T——体系的温度，K；

　　　R——气体常数。

液液界面吸附等温线具有如下特点：

（1）液液界面饱和吸附量小于溶液表面的饱和吸附量。这反映了饱和吸附时每个分子所占面积在液液界面上大于气液界面，说明表面活性剂分子在液液界面上定向排列不太紧密，不是垂直定向，可能采取某种倾斜方式，甚至可能有部分链节平铺在界面上。

（2）在低浓度区，吸附量随浓度增加上升速度较快。

1.3.3　乳液与微乳液

乳液[1]是一种或一种以上的液体以液珠的状态分散在另一种与其不相混溶的液体中构成的分散体系。被分散的液珠称为分散相或内相，直径通常大于 0.1μm，分散相周围的介质称为连续相或外相。

乳液的类型一般分为水包油型（O/W，水为连续相，油分散在其中，如牛奶等）和油包水型（W/O，油为连续相，水分散在其中，如含水原油）。在一定条件下，它们可以转型。此外，还有较复杂的体系，称为多重乳液，如 W/O/W 或 O/W/O 等。

微乳液[8]是两种不互溶的液体在表面活性剂界面膜的作用下形成的热力学稳定的、各向同性的、透明的均相分散体系。Winson 将下相微乳液和剩余水、上相微乳液和剩余油，中相微乳液与剩余水、剩余油等三类平衡体系，分别称作 Winson Ⅰ 型、Winson Ⅱ 型和 Winson Ⅲ 型。Ⅰ 型体系中，表面活性剂与水的亲和力明显大于其与油的亲和力，因此在两相区，表面活性剂大部分存在于水相。而在 Ⅱ 型体系中则相反，表面活性剂与油的亲和力相对较大，因而在两相区，大部分表面活性剂存在于油相。Ⅲ 型体系中，表面活性剂与油的亲和力相当，绝大部分的表面活性剂存在于含有等量油和水的中相微乳液中。正是这种不均匀分布决定了体系的类型。如果要改变体系的类型，就要改变表面活性剂的亲水性和亲油性的大小。

1.3.4　Pickering 乳液

1903 年，Ramsden[9]发现将不溶性固体粉末与油性溶剂混合时，固体粉末能够包裹在油滴表面有效地阻止了液滴之间的聚集，所形成的稳定乳液被称为固体稳定乳液。到 1907 年，Pickering[10]对其进行了系统而全面的研究工作，正式提出固体粒子稳定乳液的存在，此后，人们将固体粒子定义为 Pickering 乳化剂，而被固体粒子稳定的乳液则被称为 Pickering 乳液。Pickering 乳液与传统乳液的最大区别在于使用固体粒子替代传统表面活性剂。

固体粒子的表面润湿性对 Pickering 乳液有着非常重要的影响[11]。表面润湿性可以通过固体粒子的改性来调节。固体粒子润湿性的大小通常用固体粒子在油水界面的三相接触

角 θ 来表征。如图 1.2 所示，当 $\theta<90°$ 时，固体粒子亲水性较强，有利于形成 O/W 型乳液；当 $\theta=90°$ 时，固体粒子可以在油水界面形成结构比较稳定的薄膜，有较好的乳化性能；当 $\theta>90°$ 时，固体粒子的亲油性较强，有利于形成 W/O 型乳液。表面润湿性是固体粒子作为乳化剂性能的决定性因素，也是确定体系形成 O/W 型或 W/O 型乳液类型的重要依据。

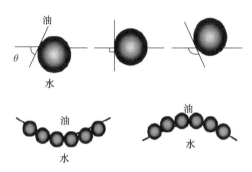

图 1.2   固体粒子接触角与乳液类型的关系[11]

在固体粒子的乳化体系中，凡是影响粒子接触角和表面性质的因素都能影响乳液的性质和稳定性，对于固体粒子而言，主要受固体粒子的润湿性、粒径、种类、浓度及固体粒子之间的相互作用影响。

1.4　气固界面

1.4.1　固体的表面张力和表面自由能

由于固体表面上受力不平衡，故固体表面具有表面自由能。固体的表面自由能是指产生单位面积新表面所消耗的等温可逆功，用 G^S 表示[2]。

固体的表面张力是新产生的两个固体表面的表面张力的平均值：

$$\gamma = \frac{\tau_1 + \tau_2}{2} \tag{1.12}$$

式中　τ_1 和 τ_2——两个新表面的表面张力。

固体的表面张力和表面自由能的关系为：

$$\gamma = G^S + A \frac{\mathrm{d}G^S}{\mathrm{d}A} \tag{1.13}$$

式中　G^S——产生单位面积新表面所消耗的等温可逆功；

　　　A——新表面的表面积。

对于大多数真实固体，表面未达平衡态，$\gamma \neq G^S$；若固体表面达到了平衡态，则 $\gamma = G^S$。

1.4.2　气固表面的吸附

由于固体表面原子受力不对称和表面结构不均匀性，它可以吸附气体或液体分子，使表面自由能下降。根据吸附力的本质,气体吸附可分为物理吸附和化学吸附两类。

物理吸附仅仅是一种物理作用,没有电子转移,没有化学键的生成与破坏,也没有原子重排等;化学吸附相当于吸附剂表面分子与吸附质分子发生了化学反应,在红外、紫外—可见光谱中会出现新的特征吸收带。

1.5 液固界面的润湿作用

1.5.1 润湿

润湿是指固体表面上的气体(或液体)被液体(或另一种液体)取代的现象。其热力学定义是:固体与液体接触后系统的吉布斯自由能降低(即 $\Delta G < 0$)的现象。润湿分为黏附润湿、浸渍润湿和铺展润湿三种类型[2]。

黏附润湿是将气液界面和气固界面变成液固界面的过程,在这个过程中气液界面消失了,$W_a = -\Delta G = \gamma_{gl} + \gamma_{gs} - \gamma_{ls}$,$W_a$ 称为黏附功,是液固黏附时体系对外所做的最大功,如图 1.3(a) 所示;浸渍润湿是将固体完全浸入液体中的过程,将气固界面变为液固界面,$W_i = -\Delta G = \gamma_{gs} - \gamma_{ls}$,$W_i$ 称为浸湿功,$W_i \geq 0$ 是液体浸湿固体的条件,如图 1.3(b) 所示;铺展润湿是液固界面取代气固界面的过程,在该过程中气液界面也扩大了,$S = -\Delta G = \gamma_{gs} - \gamma_{gl} - \gamma_{ls}$,如图 1.3(c) 所示。

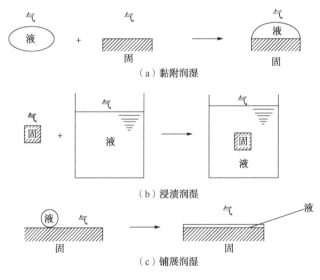

图 1.3 润湿过程示意图

1.5.2 接触角

液体在固体表面上的润湿现象可用接触角来描述,即在气、液、固三相交界处气液界面和固液界面之间的夹角,它的大小取决于三种界面张力的绝对值,即 Young 公式[12]:

$$\cos\theta_{12} = \frac{\gamma_{2s} - \gamma_{1s}}{\gamma_{12}} \tag{1.14}$$

式中　θ_{12}——液相 1 与气相 2 之间的夹角，如图 1.4 所示。

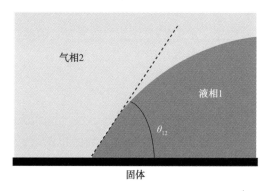

图 1.4　液滴在固体表面的接触角[12]

将式（1.14）代入黏附功 W_a、浸湿功 W_i 及铺展系数 S 的表达式中，则有

$$W_a = \gamma_{12}(1 + \cos\theta_{12}) \tag{1.15}$$
$$W_i = \gamma_{12}\cos\theta_{12} \tag{1.16}$$
$$S = \gamma_{12}(\cos\theta_{12} - 1) \tag{1.17}$$

由此可见，上述三种类型润湿的接触角判据是不同的，其中黏附润湿在任何接触角都能发生，浸渍润湿只在 $\theta \leqslant 90°$ 时才发生，铺展润湿除了 $\theta = 0°$ 外都不发生。因此，润湿过程很难给出一个统一的判据。习惯上以 $\theta = 90°$ 为界：$\theta > 90°$ 为不润湿，$\theta \leqslant 90°$ 为润湿。

1.6　常用的驱油表面活性剂

表面活性剂可以广泛地定义为降低两种液体或液体与固体之间的表面张力或界面张力的化合物。表面活性剂可作为洗涤剂、润湿剂、乳化剂、发泡剂和分散剂。在石油与天然气勘探与开发过程中，表面活性剂相关产品的使用较为普遍，表面活性剂与聚合物一起占据了油田化学品的大部分市场份额。表面活性剂根据其在水中的解离方式，大致分为阴离子表面活性剂、非离子表面活性剂、阳离子表面活性剂和两性离子表面活性剂。

近年来，我国主力油田大多进入了高含水和高采出程度的"双高"开发阶段，化学驱已经成为老油田稳产的重要接替技术。在化学复合驱中加入表面活性剂，可以显著降低油水界面张力，提高洗油效率，大幅度提高原油采收率。驱油用表面活性剂应满足以下基本要求：

（1）在油藏条件下，具有良好的化学稳定性和热稳定性。
（2）能够快速降低驱替液与原油的界面张力，并且保持界面张力稳定。
（3）油藏吸附损失低。
（4）具有良好的抗钙镁离子性能。
（5）无毒害、无污染。
表面活性剂驱油机理主要包括：

（1）表面活性剂在油层岩石表面吸附，降低了油水界面张力和毛细管压力，使亲油性表面转变为亲水性表面，进而增加了水驱油动力。

（2）表面活性剂加入后形成的胶束溶液能够显著增溶油相，使储层剩余油形成乳液，提高了波及效率和驱油效率。

石油磺酸盐、烷基苯磺酸盐、木质素磺酸盐、烷基芳基磺酸盐、α-烯烃磺酸盐、石油羧酸盐、烷醇酰胺等表面活性剂已经被应用于油气田开发中。

1.6.1 石油磺酸盐[13-16]

石油磺酸盐是以富含芳烃原油或馏分油为原料，经过发烟硫酸或三氧化硫磺化处理，然后碱中和得到的混合物，其主要成分是芳烃化合物的单磺酸盐[13]。石油磺酸盐作为驱油表面活性剂，能与原油形成 10^{-3} mN/m 以下的超低界面张力，且石油磺酸盐的生产原料来源广、水溶性好、生产工艺简单、成本较低，有着广泛的工业应用前景。

石油磺酸盐在国内外已用于化学驱提高原油采收率[14]，如美国 Marathon 公司用罗宾逊油田的富芳原油（含芳烃高达 70.2%）在罗宾逊炼油厂直接磺化、中和生产的石油磺酸盐已大量用于胶束和微乳液驱油；中国石油大庆炼化公司生产的石油磺酸盐类表面活性剂与经过处理后的大庆油田地层水可以形成超低界面张力的溶液体系。目前，大庆炼化公司已建成年产 3.5×10^4 t 磺化装置，石油磺酸盐驱油剂成功应用于大庆油田三元复合驱，预计能提高采收率 23.6%[15]。

石油磺酸盐作为一种阴离子表面活性剂，易与二价阳离子形成沉淀物，影响其驱油效率，且在使用过程中易被黏土表面吸附，实际应用消耗量大。另外，由于其生产原料组成复杂，导致不同批次的产品石油磺酸盐稳定性较差。因此，为达到降低油水界面张力、提升驱油效果的目的，人们致力于研究石油磺酸盐的复配体系，以此来发挥石油磺酸盐在驱油中的优越性能[16]。

1.6.2 烷基苯磺酸盐[14,17-19]

烷基苯磺酸盐是一种结构清楚、性质稳定的化合物。根据其合成原料含碳数分为轻烷基苯和重烷基苯。烷基苯磺酸盐作为一类重要的驱油表面活性剂，烷基链的长短影响着其性质[14]。烷基链较短时，烷基苯磺酸盐呈水溶性，随着碳链的增长，逐渐转变为呈油溶性。重烷基苯磺酸盐是由重烷基苯经三氧化硫磺化生成磺酸，再经一定的碱液中和而成的。烷基含碳数为 C_{13}—C_{26} 的重烷基苯磺酸盐作为主剂，能和我国大部分油田的原油形成超低界面张力体系。

合成重烷基苯磺酸盐所使用的原料重烷基苯为混合物，存在组成成分复杂、成分比例变化大等缺点，使混合物性能有一定的随机变化性，可能导致产品重烷基苯磺酸盐的质量出现一定的波动[7]。平均分子量为 410~440 的重烷基苯磺酸盐作为三次采油用表面活性剂，具有原料来源广、磺化反应转化率高、副反应少、磺酸盐质量高、驱油效果好等特点。重烷基苯磺酸盐、碱、聚合物三元复合驱体系的驱油效率比水驱提高了15%~35%[18,19]。

1.6.3　木质素磺酸盐[20-23]

木质素是一类结构复杂的天然高分子物质，含有酚型和非酚型的芳香环，可以进行亲电、亲核反应，裂解缩合和加成反应等。活泼的化学性质是木质素表面活性剂合成的基础。木质素磺酸盐是最早用于驱油的表面活性剂之一，它来源丰富，是价格低廉的工业副产品，主要是由制取纸浆产生的废液中提取的木质素经磺化反应制得，有较强的亲水性，但是由于该类物质没有长链亲油基，因此界面活性差，在早期化学驱中曾用作牺牲剂[21]。化学改性研究主要着眼于增加木质素的亲油基。在木质素分子中引入亲油基团，可以提高其亲油活性，改性后的木质素磺酸盐具有较高的表面活性[22]。木质素磺酸盐还可以与其他表面活性剂进行复配，以提高驱油性能[23]。

1.6.4　石油羧酸盐[24,25]

石油羧酸盐是由原油馏分经氧化和皂化制成，也被称为石油氧化皂。石油羧酸盐属于饱和烃氧化裂解产物，组成复杂，主要含有烷基羧酸盐和芳基羧酸盐。美国宾夕法尼亚州立大学[24]使用烷烃气相氧化法制备的石油羧酸盐可以驱出 40% ~ 50% 的原油。黄宏度[25]以大庆原油的馏分油为原料，经气相氧化、皂化后得到的石油羧酸盐，能在较宽的盐浓度范围内与不同烯烃及大庆模拟原油形成较高界面活性的驱油体系，具有良好的抗盐性能。单一的石油羧酸盐无法与芳烃含量低的原油形成超低界面张力，但是石油羧酸盐与其他类驱油用表面活性剂(石油磺酸盐、烷基苯磺酸盐等)有着一定的协同效应。石油羧酸盐可以作为复配体系表面活性剂的辅助剂，使得复配体系对温度的敏感性降低，并且可以降低吸附损失，节约药剂成本。

1.6.5　α-烯烃磺酸盐[26-29]

α-烯烃磺酸盐是一类优良的表面活性剂，早在 1874 年就已有十六烯烃磺酸盐的记载，其主要成分是烯基链磺酸盐和羟基链烷磺酸盐，还有少量的二磺化物[26]。因其对钙镁离子不但不敏感，反而生成的钙镁盐又是很好的表面活性剂，可用于三次采油。烯烃磺酸盐的合成原料来源于原油的组分，用蜡油进行裂解即可得到 80% 左右的 α-烯烃，并且裂解烯烃及磺化制取烯烃磺酸盐的工艺简单，价格低廉。α-烯烃磺酸盐作为表面活性剂，具有较好的水溶性、配伍性、快速起泡性和抗硬水性能。采用平均碳数为 C_{15} 的 α-烯烃合成的α-烯烃磺酸盐能在一定的碱度范围内与原油形成 10^{-2} mN/m 数量级的低界面张力，该烯烃磺酸盐与烷基苯磺酸盐复配后，能使油水形成超低界面张力[27]。α-烯烃磺酸盐是工业化较晚的表面活性剂，分子中含有双键，界面活性比烷基苯磺酸盐差，且价格高，主要用作起泡剂，在泡沫驱、稠油蒸汽驱防气窜中有广泛的应用。α-烯烃磺酸盐的亲油基越长，高温下的稳泡能力越强[28,29]。

1.6.6　非离子表面活性剂[14,30,31]

非离子表面活性剂分子中的亲水基团是非离子性基团，其亲水基团的种类、数量及长度对非离子表面活性剂的性质具有较强的影响。脂肪醇聚氧乙烯醚可由脂肪醇类与环氧乙烷在低压反应条件下合成，该表面活性剂具有良好的乳化性能。烷基酚聚氧乙烯醚的化学稳定性高，即使在高温下也不易被强酸、强碱破坏，该类表面活性剂乳化性能强，可作乳化剂使用，还可以与磺酸盐类表面活性剂复配使用，以提高磺酸盐类表面活性剂抗二价阳离子能力。聚氧乙烯烷基酰胺随着环氧乙烷加成数和烷基酰胺烷链长度的不同，其产物的性质也不同，该类非离子表面活性剂具有较强的发泡和稳泡能力，常用作起泡剂。

非离子表面活性剂在溶液中不会解离出阴阳离子，以中性分子态或胶束状态存在。其疏水基和离子表面活性剂一样，由烃链组成，但是亲水基则依赖其分子结构中的羟基和醚键与水作用后形成氢键，以达到亲水目的。非离子表面活性剂稳定性好，不受电解质的影响；耐酸耐碱性好，与阴、阳离子表面活性剂有较好的相容性，两种表面活性剂混合可能会产生协同效应；非离子表面活性剂耐温性能不强，当体系温度达到浊点时，非离子表面活性剂与水之间形成的氢键会发生断裂，表面活性剂和水相分离，表面活性剂失效，所以在使用非离子表面活性剂时，环境温度要低于浊点。此外，非离子表面活性剂在油藏中易吸附于岩心表面造成损失，导致成本增加。近年来，非离子表面活性剂得到了快速发展，生产工艺不断创新，产品性能不断优化，其需求量日益增多，非离子表面活性剂的产量正逐渐超过其他类型表面活性剂。

1.6.7　生物表面活性剂[14, 32,33]

生物表面活性剂在极其复杂的生物物质群中微量存在，难以大量提取。但是近年来发现微生物在其菌体外能大量地产生、积蓄微生物表面活性剂，已在三次采油、石油污染治理等领域得到了成功应用。生物表面活性剂根据其亲水基的类别，可以分为5种：(1)以糖为亲水基的糖脂系生物表面活性剂；(2)以低缩氨酸为亲水基的酰基缩氨酸系生物表面活性剂；(3)以磷酸基为亲水基的磷脂系生物表面活性剂；(4)以羧酸基为亲水基的脂肪酸系生物表面活性剂；(5)结合多糖、蛋白质及脂的高分子生物表面活性剂。合成生物表面活性剂的方法主要有微生物发酵法和酶催化法两种。生物表面活性剂具有化学合成表面活性剂所没有的结构特征，人们正致力于开发出生物降解性和安全性都较为优良的生物表面活性剂[32,33]。

参　考　文　献

[1] 崔正刚. 表面活性剂、胶体与界面化学基础[M]. 北京：化学工业出版社，2013.

[2] 陈宗淇. 胶体与界面化学[M]. 北京：高等教育出版社，2001.

[3] 郭荣. 我国胶体与界面化学的发展[J]. 化学通报，2012，75(1)：6-14.

[4] 王世孟，王甲春，陈彦文. 液体表面张力与比表面自由能的热力学分析[J]. 沈阳建筑大学学报(自然科学版)，2002，18(4)：282-284.

[5] 赵振国. 胶体与界面化学：概要、演算与习题[M]. 北京：化学工业出版社，2004.

[6] 孙燕，庞新晶，张树永. 油/水界面张力的影响因素及无机盐对油水铺展的影响[J]. 大学化学，2015，30(2)：74-77.

[7] 王志亮. 传统热力学界面张力理论的研究进展[J]. 齐鲁石油化工，2001，29(3)：224-228.

[8] 袁凯. 微乳化油的配制与性能研究[D]. 无锡：江南大学，2008.

[9] Ramsden W. Separation of solids in the surface-layers of solutions and suspensions [J]. Proceedings of the

Royal Society of London，1903-1904，72：156-164.

[10] Pickering S U. Emulsions［J］. Journal of the Americal Chemical Society，1907，91：2001-2021.

[11] 刘登卫. Pickering 乳液的制备及应用研究［D］. 西安：西安科技大学，2011.

[12] Thareja P，Velankar S S. Interfacial activity of particles at PI/PDMS and PI/PIB interfaces：analysis based on Girifalco-Good theory［J］. Colloid & Polymer Science，2008，286(11)：1257-1264.

[13] 隋智慧，林冠发，朱友益，等. 三次采油用表面活性剂的制备、应用及进展［J］. 化工进展，2003 (4)：355-360.

[14] 朱友益，沈平平. 三次采油复合驱用表面活性剂合成、性能及应用［M］. 北京：石油工业出版社，2002：42.

[15] 李春香. 石油羧酸盐的工业合成与性能研究［D］. 济南：山东大学，2015.

[16] 刘大文. 驱油用多烷基苯磺酸盐的合成［D］. 大庆：大庆石油学院，2006.

[17] 曲景奎，周桂英，隋智慧，等. 重烷基苯磺酸盐在三次采油中的应用［J］. 精细化工进展，2002，3 (2)：1-4.

[18] 崔正刚，邹文华，孙雪芳，等. 重烷基苯磺酸盐/碱/原油体系的界面张力［J］. 油田化学，1996，16 (2)：153-157.

[19] 海热古丽，朱海霞. 石油磺酸盐在三次采油中的应用［J］. 新疆石油科技，2014(1)：31-34.

[20] 焦艳华. 改性木质素磺酸盐的合成及其在三次采油中的应用研究［D］. 大连：大连理工大学，2015.

[21] 王茜. 驱油用表面活性剂的研究综述［J］. 化工设计通讯，2017，43(9)：137.

[22] Debons F E，Whitting L E，Pedersen L D. Use of lignin/amine/surfactant blends in enhanced oil recovery：US4822501［P］. 1989-04-18.

[23] 黄恺. 木质素基表面活性剂的吸附特性及用作三次采油牺牲剂的研究［D］. 广州：华南理工大学，2013.

[24] Arf T G, LaBelle C, Klans E E, et al. Enhanced oil recovery using Penn State surfactants［C］. SPE 12308，2003.

[25] 黄宏度，姬中复，吴一慧，等. 石油羧酸盐和大庆原油间的界面张力［J］. 江汉石油学院学报，2003，14(4)：53-57.

[26] 王业飞，赵福麟. 非离子-阴离子型表面活性剂的耐盐性能［J］. 油田化学，1999，16(4)：336-340.

[27] 孙明和. AOS 生产与应用情况［J］. 日用化学品科学，1996，8(4)：15-17.

[28] 曹晓春，李艳钰，柯坤. 表面活性剂在石油工程中的应用研究进展［J］. 当代化工，2017(6)：1222-1224，1234.

[29] 张文柯. 表面活性剂驱油体系研究进展［J］. 广东化工，2013(4)：164-166，169.

[30] 赵普春，酒尚利，张敬武，等. 低碱浓度非离子表面活性剂驱油体系界面张力研究［J］. 油田化学，1998，15(2)：150-154.

[31] 张万福，王瑞芝，李春林. 非离子表面活性剂应用技术专利［M］. 北京：中国轻工业出版社，2001.

[32] 夏咏梅，方云. 生物表面活性剂的开发和应用［J］. 日用化学工业，1999(1)：27-31.

[33] 朱小兵. 生物表面活性剂的概况与发展［J］. 日用化学品科学，1997(6)：17-20.

第2章　环境响应型表面活性剂及其活性调控原理

　　环境响应型表面活性剂,也称智能型表面活性剂,是指外界环境条件(温度、pH、电解质浓度、光、电场等)发生微小变化时,其物理化学性质(表面张力、聚集形式等)能产生明显改变的表面活性剂。智能型表面活性剂是近年来表面活性剂研究的一个新方向,其出现不仅可以解决许多表面活性剂实际应用中存在的问题,如基因或药物的可控释放、三次采油中乳化/破乳和可控乳液聚合等,还可以对表面活性剂有序组合体在科研、生产等领域的应用起到积极的推动作用。

2.1　pH 响应型表面活性剂

　　pH 响应型表面活性剂[1-4]一般含有羧基、磺酸基等可离子化的基团,其 pH 刺激响应物质的结构能够随着外界 pH 的变化而发生相应的调整,从而在性能上发生显著变化。pH 作为体系中相对容易改变的因素,其调控具有可逆性,可多次反复使用,且操作简单。通过调控 pH 来改变体系的流变性能,能为工业生产和日常生活带来巨大的经济效益。pH 响应的体系既可以是大分子对 pH 响应,也可以是表面活性剂对 pH 响应。对于表面活性剂,能否对 pH 响应的关键在于其分子结构中是否含有能对 pH 响应的基团,主要包括—COOH、—NH$_2$、—ArOH、—OPO$_3$H$_2$ 和—PO$_3$H$_2$[5,6]。该类基团能与氢离子或氢氧根离子结合,影响表面活性剂在溶液体系中的聚集行为,从而调控体系的流变性质。pH 响应型表面活性剂体系主要分为以下几种[7]:

　　(1) 自身对 pH 响应的表面活性剂。Klijn 等[8]、Johnsson 等[9]利用动态光散射研究了一系列链长不同的双子表面活性剂在不同 pH 水溶液中的相行为。当溶液为中性时,亚甲基数在 10 以内的双子表面活性剂形成了球形囊泡,当 pH 降低时,亚甲基数大于 6 的双子表面活性剂呈囊泡向蠕虫胶束或球形胶束转变,而亚甲基数小于 6 的双子表面活性剂没有此迹象。通过电镜直接观察到溶液体系中的聚集体在不同 pH 条件下呈现不同的形貌。Engberts 等[10]对一系列含有糖氨基的双子表面活性剂的聚集行为和 pH 响应进行了研究,发现当体系的 pH 在 5.5 和 4.0 之间很窄的范围内变化时,该类表面活性剂的表面张力和浊度会急剧下降,与此相对应的微观结构变化表现为由囊泡向球形胶束过渡。王犁、H. Oh 等课题组发现含有 pH 刺激响应基团的表面活性剂能够与 H$^+$ 或 OH$^-$ 作用而使表面活性剂分子的结构发生改变,从而导致表面活性剂分子进行自组装或解组装,溶液黏度可通过 pH 来调控[2,11]。石倩萍[12]等利用氨基和羧基的 pH 响应特性合成的不同链长的叔胺型双子表面活性剂和两性双子表面活性剂,具有较高的表面活性,通过改变双子表面活性剂的水溶液体系中分子的带电性质与氢键作用，从而能够调控体系的胶束浓度和溶液浓度。薛苗[13]等课题组证明 pH 响应双子表面活性剂能够制备具有 pH 响应性的蠕虫状胶束体系，通过流变性能、Cryo-TEM、DLS 测试，证明溶液黏度急剧增加是由于溶液中表面活性剂的聚集状态由球状胶束转变成了蠕虫状胶束所致。

（2）pH 响应的阳离子表面活性剂与有机酸的复配体系。Huang 等[14]利用十六烷基三甲基溴化铵与邻苯二甲酸氢钾制备出了一种 pH 响应型表面活性剂，当体系 pH 在 3.90～5.35 范围内重复变化时，溶液体系的黏弹性呈现出可逆性变化；Verma 等[15]发现十六烷基三甲基溴化铵和邻氨基苯甲酸混合水溶液的流变性能和微观结构会随体系 pH 的变化而改变，随着 pH 的升高，溶液从牛顿型流体变为黏弹性流体，体系中胶束结构经一维伸长逐渐形成三维网状结构；Chu 等[16]对长链叔胺和马来酸混合体系进行了研究，发现当 pH 从 7.0 降为 6.0 时，流体的黏弹性增强，蠕虫状胶束变为网状结构。

（3）pH 响应的阴离子表面活性剂与有机酸的复配体系。虽然大部分 pH 响应体系都是由阳离子表面活性剂构筑的，但 Lu 等[17]利用阴离子表面活性剂和 NaCl 构筑了一种 pH 响应体系。研究发现，随着 Na^+ 浓度的升高，体系黏度也相应升高，当 pH 大于 10.18 时，体系中有较长的蠕虫状胶束形成，经透射电镜、动态光散射和核磁共振，证实了在特定 pH 条件下，体系中存在蠕虫状胶束向球形胶束的转变。

2.2　光响应型表面活性剂

光响应型表面活性剂[18-21]是一类在特定波长光辐射下，分子结构发生变化，而在另一特定波长的光辐射作用下，分子结构又恢复到原始状态的物质。在这两种构型相互转化下，由于物质的分子结构和吸收波长会发生变化，进而影响物理化学性质产生巨大的差异。Weis[22]和 Yan[23]等认为，芳基偶氮类化合物由于其在不同的波长光辐射或热效应下能够在顺式异构体和反式异构体之间实现可逆变化，因此被认为是最具有开发性的一类光致异构化合物。林昶旭[24]、Arai[25]等在咪唑环上引入偶氮苯单元合成了一类新型的光响应表面活性剂，此类表面活性剂通过不同波长的光辐射制备不同形貌及性质的纳米材料。Gong 和 Wendler 等课题组证明了在含有咪唑环新型的光响应表面活性剂的顺反异构不会随柔性疏水链的自由构象发生损耗，能够引入官能团的位点多，形成的胶束比传统的咪唑阳离子表面活性剂具有更大的体积，而且在光刺激下的胶束形态容易发生剧烈变化，适用范围更广[26-28]。

根据光响应表面活性剂体系中所发生的光化学反应的机理，可将光响应表面活性剂分为光异构型、光裂解型和光聚合型三类。

（1）光异构型。

光诱导异构化是指在一定波长的光照射下，表面活性剂中的光响应基团发生结构异化，导致胶束的微观形态发生变化，宏观上表现为表面活性剂的表面张力、临界胶束浓度（CMC）、黏度等性质改变。其中，一种典型的光响应基团偶氮苯[29-32]在一定波长的光照下能够发生可逆的结构翻转，其机理如图 2.1 所示。

Sakai[33]等根据偶氮苯的特点，使用 CTAB、NaSal 和 AZTM 进行复配，利用紫外光和可见光实现了对该复配体系黏弹性的循环可逆控制。肉桂酸[34,35]也是一种具有光诱导异构化特性的基团,其光诱导异构化机理如图2.2所示。

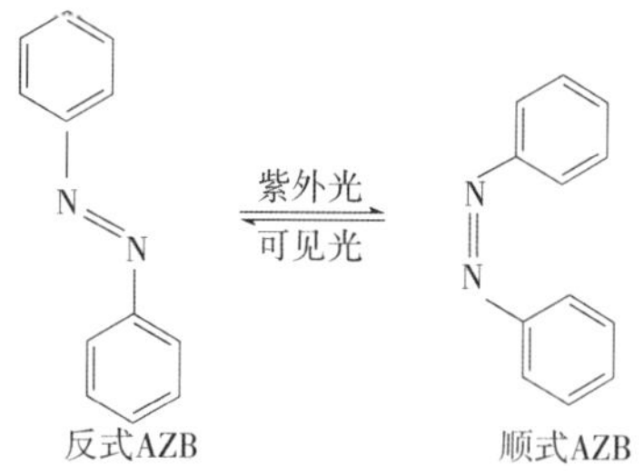

图 2.1　偶氮苯光诱导结构异化示意图 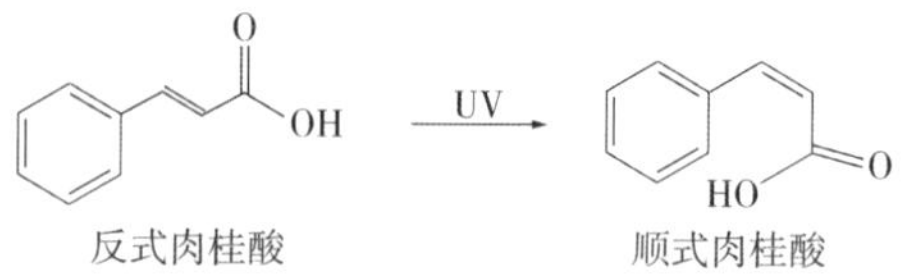　　图 2.2　肉桂酸的光诱导异构化机理示意图

(2)光裂解型。

光裂解型表面活性剂在经过一定波长的光照后,光敏基团将吸收的光能转化到分子键上,使得表面活性剂的亲油基和亲水基之间发生裂解,表面活性剂也因此失活,且该过程为不可逆过程。Dunkin[36]等发现对辛基苯偶氮磺酸钠在恒温光照条件下会生成稳定的疏水产物1-苯基辛烷和4-辛基酚(图2.3),在紫外光照射下,表面活性剂发生裂解反应,致使该溶液的黏度和表面张力等性质发生变化。

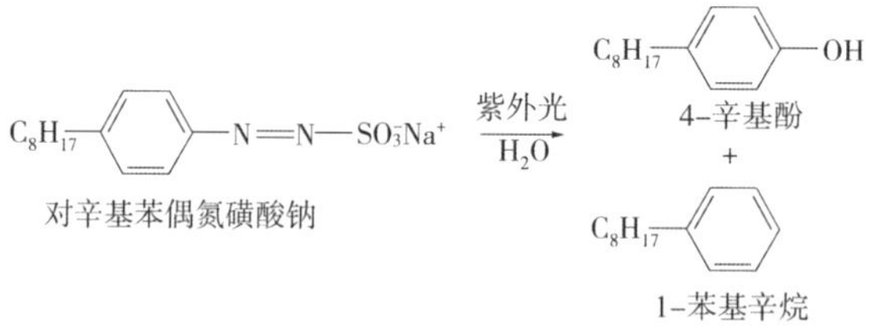

图 2.3　对辛基苯偶氮磺酸钠光裂解过程示意图[36]

(3)光聚合型。

光聚合是指在光照下表面活性剂分子之间会发生聚合反应,该过程为不可逆过程,主要分为二聚化和聚合两种。光聚合在脂质体和囊泡的应用中起重要作用。在光照条件下,含蒽醌基、香豆素、肉桂酸酯基和苯乙烯基的表面活性剂分子之间会发生二聚化反应;含乙烯醚基的表面活性剂分子之间会发生聚合反应。在紫外光照射下,反式SGP会发生二聚化反应生成SGP二聚体(图2.4),使得表面活性剂的润湿性、表面张力等性质发生变化[37]。

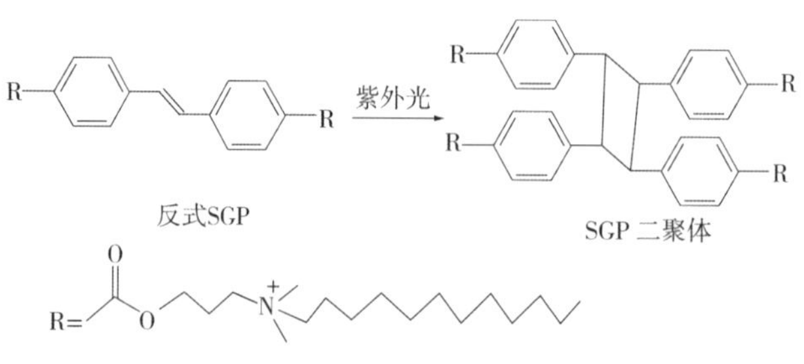

图 2.4　含二苯乙烯基的 Gemini 光响应表面活性剂二聚化过程示意图[37]

　　根据光照前后体系黏度的变化可逆与否，将光响应表面活性剂分为可逆光流变体系和不可逆光流变体系。其中，不可逆光流变体系又分为不可逆光照变稀体系和不可逆光照增稠体系[38]。

　　（1）不可逆光流变体系。

　　不可逆光照变稀体系类光响应表面活性剂在初始状态具有较高的黏度，经一定波长的紫外光照射会引起聚集体的结构改变，从而导致体系黏度降低，流变性增强，且该过程不可逆。Rakesh Kumar 等[39]利用反式对香豆酸和卵磷脂构筑了一种不可逆光照变稀胶束体系，在经一定波长的紫外光照射 20min 后，反式对香豆酸结构异化为其顺式结构，使胶束结构由蠕虫状转变为短棒状，体系的零剪切黏度降低了 3 个数量级；与之相反，不可逆光照增稠体系表面活性剂在经一定波长的光照射后，体系状态由低黏度、易流动向高黏度、黏胶状转变。该类表面活性剂常用于毛细管电泳，体系在低黏度下进入毛细管，再经光照使其变为凝胶状。Wang 等[40]研制出的两性表面活性剂与反式对香豆酸复配体系，在经过紫外光照射一段时间后，体系中囊泡转变为蠕虫状胶束，体系黏度显著提高。

　　（2）可逆光流变体系。

　　该类表面活性剂不仅对一定波长的紫外光响应，而且在其他特定波长的照射条件下会发生相反的状态转变，使体系回到最初未受到光照刺激的状态。Yutaka Takahashi 等[41]研制出的十六烷基三甲基溴化铵与反式[4-（4-丁基-苯基偶氮基）苯氧基]醋酸钠复配体系，在经紫外光照射后，体系的零剪切黏度增大了 3 个数量级，再经可见光照射后，该体系的黏度又恢复到了初始状态；Zhao 等[42]研制出了一种单组分光响应蠕虫状胶束体系，用偶氮苯基团修饰双子表面活性剂。该光响应表面活性剂在低浓度下可形成黏稠度很高的橙色透明液体，在经过紫外光照射后，体系黏度下降，再经可见光照射后，体系黏度又恢复至起始状态，且在持续数周的反复循环中表现出较高的稳定性。Yang 等[43]构筑的可逆光敏表面活性剂，初始状态下表现为高黏度，经 365nm 紫外光照射后，体系黏度大幅下降，黏弹性消失，再将该样品用可见光照射一段时间后，体系黏度明显上升，黏弹性基本恢复。

2.3　温度响应型表面活性剂

　　温度响应型表面活性剂是一种对外部温度变化自身产生响应的智能型表面活性剂，离子表面活性剂制备的乳液随着温度的升高，表面活性剂的头基与乳液结合的抗衡离子增加，从而使得表面活性剂更加亲水，乳液类型由油包水型转化成水包油型。而非离子表面活性剂稳定的乳液随着温度的升高，表面活性剂的头基脱水性能提升，使其更加疏水[44]。因此，通过调控温度的变化改变表面活性剂活性制备高稳定性的精细乳剂具有重要意义。

　　Bernard P. Binks[45]等研究了温度对纳米颗粒—稳定乳液转化的影响，通过调节温度控制乳液颗粒润湿度。Yanjuan Yang[46]等通过改变温度调控表面活性剂溶液体系的聚集行为，在阳离子表面活性剂体系中实现了温度诱导囊泡向胶束的转变，揭示了温度诱导囊泡胶束转变的一般规律。由于温度调节的控制相对简便，因此，这类表面活性剂有较为广泛的应用前景。

Fuxin Liang[47]等报道了一种通过粉碎二氧化硅 Janus 空心微球得到无机 Janus 纳米片的方法。在 Janus 纳米片的存在下油水体系很容易形成稳定的乳液，其可通过微妙变化的物理化学参数(例如，温度和 pH)来实现乳化和破乳，如图 2.5 所示。若在纳米片的一端接枝 pH 响应的聚合物 PDEAMA，低 pH 值时纳米片一端亲水一端疏水，可以作用于油水体系形成皮 Pickering 乳液，当 pH 值升高时，纳米片的亲水端变为疏水端，纳米片失去两亲性，乳液破乳。与 pH 响应类似，若在纳米片表面接枝温敏型的聚合物 PNIPAM，低温时 PNIPAM 链舒展，是亲水型的，纳米片一端亲水一端疏水，具有两亲性，因此可以形成 Pickering 乳液；高温时 PNIPAM 链收缩，变得疏水，乳液破乳，如图 2.6(a) 所示。而只用二氧化硅纳米片形成的乳液，升高温度并不能破乳，证明了 Janus 纳米片具有温度响应的两亲性。

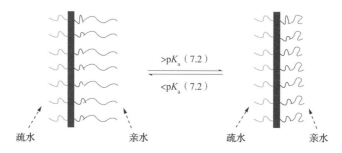

图 2.5　Janus 纳米片的响应机理图

（a）Janus纳米片稳定的乳液　　　（b）二氧化硅纳米片稳定的乳液

图 2.6　乳化效果图

Xuezhen Wang[48]等通过剥离二维层状 ZrP 盘获得不对称 Janus 和 Gemini ZrP-PNIPAM 单层纳米板，其表面用温敏聚合物 PNIPAM 共价修饰，得到温敏型的固体表面活性剂。PNIPAM 的低临界溶解温度(LCST)约为 32℃，Wang 研究发现，当温度低于其 LCST 时，PNIPAM 链舒展，表面张力小，容易形成乳液；而随着温度升高，表面张力随之升高，油水体系趋于破乳，如图 2.7 所示。

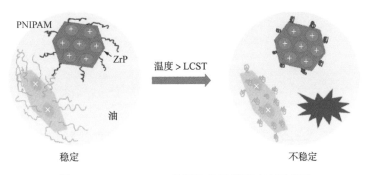

图 2.7　ZrP-PNIPAM 单层纳米板温度响应示意图

　　Sakiko Tsuji[49]等制备了接枝有 PNIPAM 聚合物的纳米颗粒，作为乳化剂制备了一系列油水体系的乳液，例如庚烷、十六烷、三氯乙烯和甲苯。形成的 Pickering 乳液可以在室温下稳定存在 3 个月。当乳液从室温加热到 40℃时，PNIPAM 链由线圈变为小球，乳液发生相分离。Bin Zhao[50]等总结了混合聚合物刷接枝的环境响应性纳米结构杂化材料，其中两个不同的聚合物通过共价键随机或交替地固定在核心颗粒表面上，具有足够高的接枝密度。由 PDEGA 和 PEG 组成的混合聚合物刷在其各自的 LCST 附近伸展或收缩，但当温度在两种聚合物的 LCST 之间的过渡区时，其自组装的过程还不清晰。Lee[51]等用 *N*-异丙基丙烯酰胺单体（NIPAM）和各种离子单体制备了几种不同的凝胶，由温敏 PNIPAM 制成的凝胶的敏感机制为：当环境温度低于其 LCST 时，PNIPAM 侧链上的亲水基与水分子之间形成氢键，聚合物可以溶解于水中；温度达到 LCST 时，氢键断裂，通过氢键连接的水分子从网状骨架中释放出来，聚合物链断开成小分子单体而出现相转变现象，其溶液迅速转变成凝胶。

2.4　氧化/还原开关型表面活性剂

　　氧化/还原开关型表面活性剂[52-54]是通过调节基团电子的得失或共电子对的偏移，改变表面活性剂分子的结构，以此来实现其表面活性的调节。在这一过程中，通过添加氧化剂或还原剂改变表面张力，可逆控制溶液表面活性和聚集行为，体系实现从胶束到囊泡的相互转变。Takeoka[55]课题组合成了含硒两性离子表面活性剂，发生氧化反应后生成了 Bola 型化合物，通过对比两种状态下表面活性剂的临界胶束浓度、油水界面张力、分子截面积等参数，发现两者存在明显的差异。该体系加入少量的 H_2O_2 就可以发生氧化反应，再加入少量的 Na_2SO_3 就可以还原，实现了表面活性剂的简单可逆调控。

　　目前报道最多的氧化/还原开关型表面活性剂是基于带离子基团的二茂铁衍生物，以电化学为刺激响应手段使其发生氧化还原反应，实现亲水性—疏水性转换。1985 年，Saji[56]等首次报道了具有氧化/还原开关特性的含二茂铁基团的表面活性剂，通过氧化还原的方法可以调控该体系的胶团状态，当体系被还原时呈胶团状，被氧化后胶团破坏。Koji Tsuchiya[57]等报道了一种新型的流体，其黏度可以通过表面活性剂的"Faradaic"氧化还原反应控制，其机理如图 2.8 所示。二茂铁结构通常位于表面活性剂的疏水段中，当二茂铁中的铁原子为还原态时呈疏水性，因此分子具有双亲性而表现出表面活性；当铁原子被氧化为铁离子后呈亲水性，因此分子丧失表面活性。

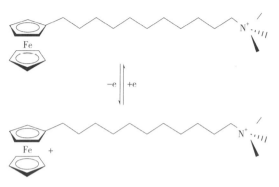

图 2.8 二茂铁在氧化/还原开关型表面活性剂中的作用机理

Arda Alkan[58]等采用阴离子聚合方法制备出一个氧化还原响应的基于 PEG 和 PFCGE 的嵌段共聚物。当铁原子为还原态时呈疏水性，因此分子具有双亲性，能够稳定吸附在界面上形成细乳液；铁原子经过氧化后亲水，此时该共聚物为两端亲水的大分子，失去表面活性，如图 2.9 所示。

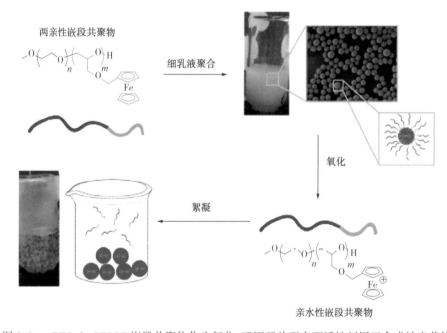

图 2.9 mPEG-b-PFCGE 嵌段共聚物作为氧化/还原开关型表面活性剂用于合成纳米载体

2.5 CO_2/N_2 开关型表面活性剂

大多数工业过程采用加入大量的酸、碱或盐的方法实现乳液体系破乳，这种方法操作烦琐，破乳不彻底，而且在后续的洗涤过程中产生大量的废水，对环境造成很大的污染。CO_2 开关型表面活性剂的头基通常含有脒基[59-61]、胍基[62-64]、咪唑啉基[65]、氨基[66-69]等官能团，可以在 CO_2/N_2 的交替鼓入下实现活性的可逆转换。

2.5.1 胍基表面活性剂

胍基化合物具有生物活性，是最强的有机强碱之一。胍基化合物中的胍基团是有效的活性基团，可以与生物体中的基团或元素相互作用，破坏其正常的物质和能量代谢，而且易于形成氢键，稳定性高，具有较强的生理活性[70]，因此广泛应用于农业杀菌剂、消毒剂和降低血压、血糖的药物，以及表面活性剂的合成。秦勇等[71]证明胍基表面活性剂具有 CO_2/N_2 开关响应特性，水存在下与 CO_2 反应生成相应的碳酸氢盐，能够降低表(界)面张力、乳化油水两相，在加热通入 N_2 后，碳酸氢盐分解，CO_2 从溶液中去除，去质子化生成中性的表面活性剂，失去表面活性。胍基表面活性剂可逆转化过程如图 2.10 所示。宋永波[72]认为胍基在结构上相当于两个脒基基团连接在一起，因此，胍基比脒基拥有更加稳定的共轭结构，对质子的亲和束缚作用更加强烈。崔哲[73]以胍基开关型表面活性剂的反胶束体系为模板合成纳米硫化镉颗粒，反应结束后向体系中通入 N_2，使得胍基表面活性剂失去表面活性，胶束结构被破坏，进而实现硫化镉颗粒表面活性剂溶液分离。但是由于胍基表面活性剂易潮解，且胍基碳酸氢盐分解需要更高的温度，去质子化条件较苛刻，难以生成中性胍基表面活性剂，这在一定程度上限制了其在稠油管道运输、三次采油等领域的发展[64]。

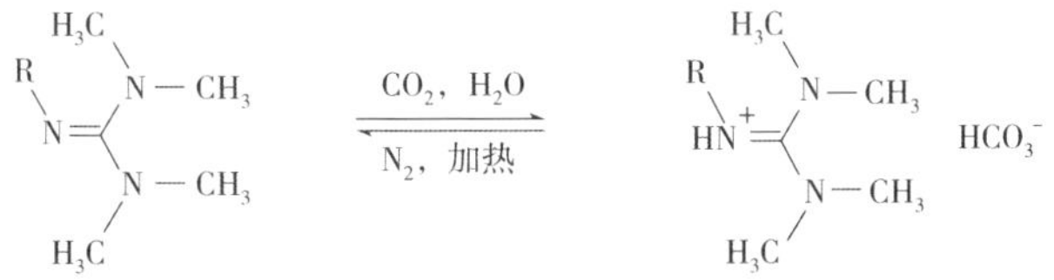

图 2.10 胍基 CO_2 开关型表面活性剂可逆调控原理

2.5.2 咪唑基表面活性剂

咪唑基 CO_2 开关型表面活性剂是以咪唑环阳离子为亲水头基的表面活性剂，由于咪唑环中含有两个氮原子，其结构稳定，抗水解性强。电导率测定实验表明，该化合物具有开关可逆性能[74]。何宇[75]认为咪唑啉碳酸氢盐是一类季铵盐阳离子表面活性剂，碳酸氢盐在井底与水反应产生大量泡沫，泡排施工完成后，泡沫被带出气井，与空气接触发生可逆反应，起泡能力大幅度降低，由此可作为自动消泡泡排剂，应用于泡沫排水过程。咪唑啉类表面活性剂可逆转化过程如图 2.11 所示，Chai 等[65]在咪唑啉尾基中插入氧原子或羟基、氨基等极性基团，增加表面活性剂的亲水性能，但咪唑啉碳酸氢盐在碱性条件下易水解成具有低表面活性、且能乳化油和水的酰胺，导致通 N_2 后的破乳过程不完全。

Zhao 的团队[76]提出了 2-烷基-1-羟乙基咪唑啉（HEA_nIB_s，$n=16$，18，20）的合成方法，其表现出令人满意的表面和吸附性质。他们研究了上述咪唑啉基表面活性剂在水溶液中的胶束形成和吸附性能。结果表明，HEA_nIB_s 的 CMC 很小，具有良好的表面活性。

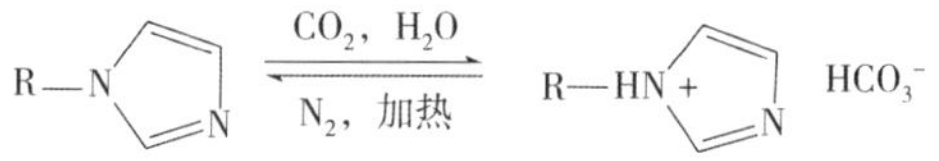

$$R—N \xrightleftharpoons[N_2, \text{加热}]{CO_2, \ H_2O} R—HN^+ \quad HCO_3^-$$

图 2.11 咪唑啉 CO_2 开关型表面活性剂可逆调控原理

2.5.3 叔氨基表面活性剂

叔胺是一类廉价易得的 CO_2 开关型表面活性剂,其在水溶液中与 CO_2 反应原位生成叔胺碳酸氢盐。由于叔胺基团碱性较弱,其碳酸氢盐去质子化分解成非表面活性的叔胺过程比烷基脒碳酸氢盐更加容易。王铖[77] 在叔氨基和长链烷基之间插聚氧乙烯醚(EO)片段的合成叔氨基 CO_2 开关型表面活性剂,它不仅具有良好的 CO_2 开关性能,还可以用于甲基丙烯酸甲酯的乳液聚合反应。此外,Yang[78] 和 Zhou[79] 等将新合成的叔氨基 CO_2 开关型表面活性剂加入含十二烷基硫酸钠的微乳液,通过鼓入 CO_2/N_2,实现了微乳液乳化—破乳、油水两相分离和再次复原成微乳液,在两种状态间可逆转换(图 2.12)。由于叔胺碱性较弱,束缚质子能力较差,去质子化相对简单,形成的季铵盐在温和的条件下即可分解成中性叔胺,但由此也带来了乳化稳定性差问题。

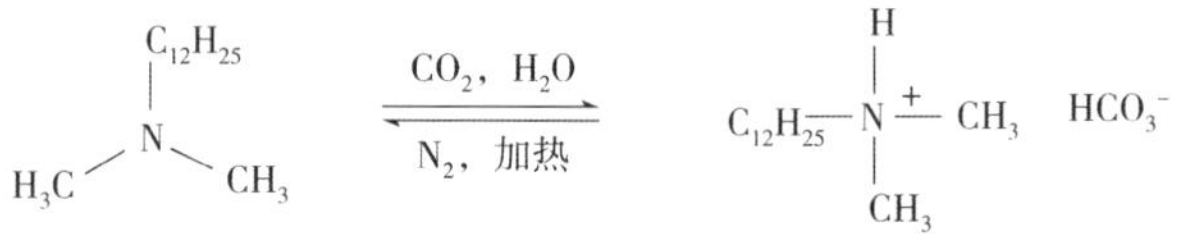

$$C_{12}H_{25} \xrightleftharpoons[N_2, \text{加热}]{CO_2, \ H_2O} C_{12}H_{25}—N^+ \quad HCO_3^-$$

图 2.12 叔氨基 CO_2 开关型表面活性剂可逆调控原理

2.5.4 乙氧基表面活性剂

Johnston 团队,为了提高 CO_2 束缚泡法的原油采收率(EOR),在高盐度盐水(182g/L NaCl)条件下形成新型 $CO_2/$水(C/W)泡沫,其中表面活性剂由椰油烷基尾基和乙氧基化胺头基组成[80]。在 pH 小于 6 的水相存在下,这些表面活性剂可从干燥 CO_2 中的非离子状态转变为阳离子(质子化胺)。质子化阳离子态的高亲水性在高浊点中是明显的。浊点高达 120℃[81]。高浊点促进了 $CO_2/$水泡沫中气泡之间的薄片稳定化。该研究的目的是证明 C/W 泡沫可以在高达 120℃ 的高温下形成,其中水相由含有或不含有二价离子的浓 NaCl 组成[82]。随着 pH 降低,从非离子态到质子化阳离子态可切换性能如图 2.13 所示。

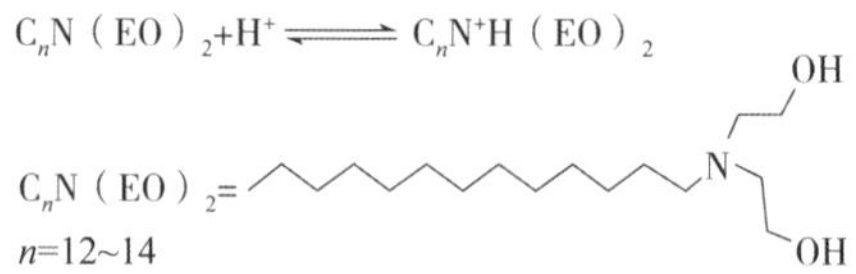

$$C_nN(EO)_2 + H^+ \rightleftharpoons C_nN^+H(EO)_2$$

图 2.13 乙氧基 CO_2 开关型表面活性剂可逆调控原理

2.5.5 脒基表面活性剂

Liu 等[83] 率先提出了烷基乙脒类化合物在 CO_2/N_2 刺激下具有可逆的特性,并以二甲

基亚砜为溶剂测量 N'-十六烷基乙脒的电导率数值在不同条件下的变化趋势，证明该类该物质可以实现中性脒—阳离子碳酸氢盐的开关性能转换，可逆转化过程如图 2.14 所示。Liu 等在含有 N'-十六烷基乙脒的十六烷—水体系中通入 CO_2 后形成乳液，体系放 1d 后乳液体积分数仍保持在 82%，表明该类物质具有乳化性能。Liang 等[59] 证明由于原油本身含有某些酸性表面活性剂，在不加入任何表面活性剂时，原油和水形成的乳液在 1h 内不破乳。与之相反，加入十六烷基脒并且通入氮气，混合物在 30min 内分层，证实了中性烷基脒是有效的破乳剂。王琳[84] 合成了一系列不同碳链长度的烷基脒，比较得出了十二烷基脒是最合适的 CO_2 响应表面活性剂，同时也合成了双十二烷基脒，但在乳化能力上不如直链烷基脒。郑智博[85] 采用羧胺缩合法合成了一系列直链烷基脒，并且详细探究了 N'-十二烷基乙脒与十二烷基苯磺酸钠的复配比例，提出 CO_2 能够控制囊泡的形成，并对囊泡形态进行控制。

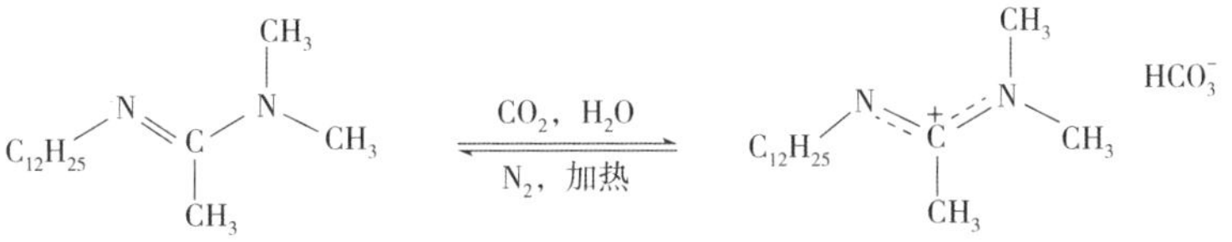

图 2.14　脒基 CO_2 开关型表面活性剂可逆调控原理

Lu 团队[86] 在已有的脒基表面活性剂的基础上，研究了 CO_2 开关型表面活性剂在几种新疆重油乳化后的管道运输。结果表明，在不存在 CO_2 的情况下，表面活性剂促进水包油（O/W）乳液的形成和稳定化。

Jiang 等[87] 通过在水中原位疏水化，将可转换表面活性剂（中性脒/阳离子脒鎓）的 $CO_2/$ N_2 触发转移至矿物纳米颗粒。通过使用带负电荷的二氧化硅纳米粒子和痕量的可转换表面活性剂作为稳定剂，获得需要 CO_2/N_2 触发的可转换的水包油 Pickering 乳液（图 2.15）。

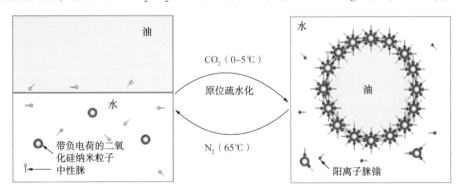

图 2.15　二氧化硅纳米粒子转换 Pickering 乳液作用机理

2.6　离子响应生物表面活性剂

生物表面活性剂（Biosurfactants，BS）是 20 世纪 70 年代后期发展起来的生物工程技术，是细菌、真菌和酵母在某一特定条件下（如合适的碳源、氮源、有机营养物、pH 以及温度），在其生长过程中分泌出具有表面活性的代谢产物。生物表面活性剂绝大多数是由细菌、真菌等微生物代谢而产生的；少数结构简单、表面活性较高的生物表面活性剂是通过酶催化合成的。由于酶促合成过程的成本较高，从经济效益的角度来说不适合用于工业生产中。生物表面活性剂按离子类型，可分为阴离子生物表面活性剂、阳离子生物表面活性剂、非离子生物表面活性剂及两性生物表面活性剂[88]；生物表面活性剂按结构特征，可分为糖脂类（如海藻糖脂、鼠李糖脂、槐糖脂等）、脂肪酸类、磷脂类和高分子类。虽然不同种类的微生物所合成的生物表面活性剂具有不同的性质与生理功能，但生物表面活性剂都具有下列特性：（1）能降低界面张力；（2）具有较好的热与化学稳定性；（3）乳化作用。

它与化学合成表面活性剂一样，也是两亲分子，具有明显的表面活性，能在界面形成分子层，显著降低表面张力和界面张力，多数表面活性剂可将表面张力减小至 30mN/m。生物表面活性剂通常比化学合成的表面活性剂结构更为复杂和庞大，单个分子就占据很大的空间，因而显示出较低的临界胶束浓度[89]。与化学合成的表面活性剂相比，生物表面活性剂最大的一个特点就是它具有环境兼容性——无毒，能够被生物完全降解，不对环境造成污染，并且具有选择性好、用量少等优点[90]。

在当前增强采油技术中，微生物提高石油采收率（MEOR）尤为引人注目，利用微生物所产生或生产的生物表面活性剂提高石油采收率则是 MEOR 的重要分支。微生物驱油技术，将发酵生产的生物表面活性剂注入油层，更多则是利用筛选的菌种在油层就地发酵产生生物表面活性剂。生物表面活性剂在油层中能大大降低油水界面张力，使油类乳化，改变油层岩石的润湿性，并借此达到驱油、提高石油采收率的目的。

M. E. Singer 实验室用 H-13 细菌，以正烷烃为唯一碳源，生产一种糖脂类表面活性剂，能使重油黏度降低 95% 以上，并形成稳定的水包油乳液；F. Wagner 实验室生产的海藻糖脂经现场试验表明，其用量为 50mL/L 时，石油采收率可提高 30%，其效果远远大于合成的表面活性剂[91]。Zou 等[92]研究从土壤中分离出的不动杆菌 ZJ2 产生的生物表面活性剂的表面活性，通过傅里叶变换红外光谱和核磁共振技术鉴定该生物表面活性剂为脂肽。该生物表面活性剂可将油水界面张力由 45mN/m 降低至 15mN/m，将水的表面张力从 65mN/m 降低至 35mN/m。开发表面活性剂的一项重要指标是使油水界面张力降低至 10^{-3} mN/m，由于单一表面活性剂难以达到此数量级，需要将不同类型表面活性剂复配，产生协同增效作用使油水界面张力降低，同时减少表面活性剂在基质上的吸附，增加胶体稳定性[93,94]。

鼠李糖脂属于阴离子型生物表面活性剂，能够适应极端的温度、pH 环境，因而具有巨大的开发价值[95]。郑江鹏等[96]在胜利油田考察了碳酸钠质量分数为 0.5% ~ 1.2% 时，鼠李糖脂（RL）和槐糖脂（SL）两种生物表面活性剂复配体系的界面性能。结果表明，经复配后能达到超低界面张力数量级范围，原油的采收率提高了 22.80% ~ 30.30%，较单独使用 Na_2CO_3 驱油体系采收率高 2 倍左右，该研究发现将两种生物表面活性剂进行一定比例复配后能产生协同增效作用。Pekdemir 等[97]通过实验对比了 5 种生物表面活性剂和 1 种合成表面活性剂的乳化效果，结果发现鼠李糖脂在蒸馏水和海水的乳化作用均最大，且乳化量随着其浓度增大而越大。宁春莹等[98]研究发现铜绿假单胞菌 KO5-2-9 经发酵培养所产生的表面活性剂的临界胶束浓度为 85.82mg/L，对柴油的乳化指数为 72.6%。

Sulaimani 等[99]从油污土壤中分离出的枯草芽孢杆菌产生的生物表面活性剂在浓度为2.5g/L 时能使蒸馏水在 Berea 岩心光滑表面上的接触角由初始值 70.6°降至 25.32°，由该生物表面活性剂处理后的岩石的润湿性指数发生了明显变化，说明该生物表面活性剂具有改变油藏润湿性的能力。

Youssef 等[100,101]的现场试验研究结果显示，将两种产生脂肽类表面活性剂的芽孢杆菌及其营养物注入油藏中，菌株能够在油藏原位产生脂肽类表面活性剂，采出液中均检测到了脂肽类表面活性剂：2007 年的现场试验中检测到的平均浓度约 90mg/L，2013 年的现场试验中检测到的浓度为 20mg/L 和 28mg/L。物理模拟岩心实验中动用原油所需的最低脂肽类表面活性剂浓度约为 10mg/L，结果证明利用厌氧产表面活性剂微生物在油藏原位产表面活性剂进行驱油的经济性和技术可行性。

2.7　磁响应表面活性剂

近年来，磁性纳米材料被广泛应用于环境研究[102-109]。磁性纳米材料的特性之一是具有磁响应，能够通过外加磁场迅速实现纳米颗粒的回收和再次利用。基于此，自 21 世纪以来，磁性材料用于驱油的方式越来越多，包括磁性聚合物驱油剂、磁性纳米颗粒强化油水分离、磁性纳米泡沫剂、磁性乳液及纳米磁流体等。

2.7.1　磁性聚合物驱油剂

磁性聚合物是指含有一定量的磁性金属纳米颗粒的高分子聚合物材料，这种高分子化合物与磁性颗粒聚合并使高分子化合物产生一定的磁性，从而实现化合物的重新富集、回收利用，近年来已得到广大科学家越来越多的重视和研究[106]。其中，磁性壳聚糖因其本身具有的环境友好性特点，已成为当前研究最为广泛的一种理想磁性驱油剂。耿璐等[107]以 $CoNiFe_2O_4$ 磁性颗粒为内核，通过戊二醛把磁性纳米颗粒与壳聚糖进行交联，制得以壳聚糖为外壳、$CoNiFe_2O$ 为中心的磁性纳米高分子颗粒，产物磁性明显，形貌均一，具有良好的表面活性，有效降低了原油的油水界面张力，具有良好的抗盐性，是一种新型的三次采油驱油剂。

2.7.2　磁性纳米颗粒强化油水分离

磁性纳米颗粒广泛应用于油水分离研究[108,109]。李枫[110]利用层状双氢氧化物具有的良好离子交换能力、正电荷密度高、独特的层状纳米结构，但对有机污染物吸附较弱的特点，与氧化石墨烯结合，有效增加了吸附材料的吸附位点。同时，利用氧化石墨烯的两亲性，显著降低了油水界面张力[111]。层状双氢氧化物与氧化石墨烯结合制备的复合材料可以对水包油乳液进行有效的油水分离。经过测验，乙醇清洗后，复合材料在循环 3 次后仍有较高的油水分离效率。

2.7.3　磁性纳米泡沫剂

西安交通大学的江希、甄景超等[112]在 2018 年发明了智能磁性泡沫驱油剂，通过磁性纳米粒子复合温敏聚合物单体和引发剂制备的复合纳米粒子能够实现智能驱替，能够随着温度的变化，改变亲水亲油性和粒子尺寸的大小，提高了原油的采收率，同时能够重复利用，性价比较高。

2.7.4 磁性乳液

乳化剂的界面特性会响应 pH、矿化度或 CO_2 等外界刺激，同时磁场也会对乳液界面特性有一定的影响。磁性纳米颗粒乳化剂具有两个特点：一是磁性纳米颗粒作为乳化剂的不可逆吸附、低毒性、低成本；二是磁性纳米粒子具有的超顺磁特性和磁响应，在磁性纳米粒子悬浮液中加入乳化剂后，可以实现快速的相位分离。Yang、Hou 等[113]开发了由 3-氨基丙基三乙氧基硅烷包覆纳米粒子稳定的磁性可调乳液。该乳液在无人工磁场的条件下，具有较好的稳定性；在人工磁场条件下，能够实现快速破乳。

2.7.5 纳米磁流体

Rahbar、Di 等人利用表面活性剂包裹在磁性纳米颗粒表面研发出纳米磁流体，来提高石油采收率[114, 115]。由于纳米颗粒磁性相同，通过面积井网，在注入井不同方向施加相反磁场，可以使得磁性纳米颗粒的表面活性剂包裹体在油层里面分散流动，从而进入水驱难以波及或未波及的剩余油富集区，同时利用表面活性剂来降低界面张力，达到较好的驱油效果，提高驱油效率。黄涛等[116]利用磁铁施加外磁场，在铁磁流体中产生磁场力，磁场力可以控制铁磁流体在多孔介质中的流动，控制并改变铁磁流体驱替路径，克服由于非均质性等因素造成的驱替波及范围小、原油动用程度低的问题，扩大了波及范围，提高了采收率。由于外加地面磁场方便调控，纳米磁流体具有广阔的应用前景。

Subodh Singh[117]等研制出了一种碳纳米管，该碳纳米管具有较高的电容，可以轻易地改变自身的导电、光学和磁力性质，在外加磁场作用下，可以改变自身的排列方向，并在磁力作用下向不同的方向运移，因此可以自由地控制外加磁场，使得碳纳米管进入油层中的高渗透通道，以达到有效封堵高渗透层和水窜通道的目的，起到控水增油的效果。

总之，通过动态调整井网形式来改变地面磁场磁力线方向及分布，以此来调节岩层中磁性驱油剂的分布，能提高磁性驱油剂在剩余油藏利用率，或者使磁性材料进入高渗透通道，以达到封堵高渗透通道的目的。同时，在外加磁场的作用下，能够有效地回收磁性驱油剂和磁性材料，降低开采成本。

2.8 多重响应型表面活性剂

多重响应型表面活性剂赋予表面活性剂更多的可调功能，不再局限于单一因素变量，结构变化更加多样性，有利于扩大环境响应型表面活性剂种类和应用范围。尹金超等合成的酸碱/氧化还原双重激响应表面活性剂[3, 118]，通过改变溶液体系的 pH 实现表面活性剂在活性和非活性之间转变，同时少量的 H_2O_2 作为氧化剂使表面活性剂活性下降，而通过化学还原又能使其达到活性状态，可以简便地调控乳液的发泡性能和稳定性。由于 $CO_2/$

N_2开关型表面活性剂的亲水头基缺少变化，Jiang[119]和郑饶君等[120]在该类表面活性剂中引入偶氮苯基作为光敏感基团，增加光敏程度（刺激因素为紫外光和可见光），制备 CO_2/N_2-光双重刺激响应型表面活性剂，在 CO_2/N_2 刺激下，乳液微观结构能实现从球状胶束到乳状胶束的转变，在紫外光和蓝光刺激下，微观结构又可以在蠕虫胶束和囊泡之间相互转变。温度和 pH 双重刺激响应的开关型表面活性剂根据水的电离度随着溶液的酸碱度变化，Zheng 等[121]和 Yan 等[122]调节溶液 pH 改变溶液的黏弹性和水溶性，温度的变化又能改变黏弹性液体的流变性能，体系实现囊泡至胶束的可逆转变。

熊智瑛[123]用原子转移自由基聚合（ATRP）的方法，成功合成了一系列分子量可控、分子量分布较窄的聚（N，N-二甲氨基甲基丙烯酸乙酯）-b-聚丙烯酸（PDMAEMA-b-PAA）两嵌段两性聚电解质。研究发现，PDMAEMA-b-PAA 在水溶液中具有良好的可逆的温度/pH 双重敏感性质。在远离等电点（如 pH=3.0）时，由于 DMAEMA 链段质子化，在水溶液中不能与水形成氢键，此时，PDMAEMA-b-PAA 是以稳定的链状存在于水中，而没有 LCST；在较高 pH（如 pH=11.0），AA 链段质子化，DMAEMA 链段去质子化，与水形成氢键，升高温度氢键断裂，致使 PDMAEMA-b-PAA 在水溶液中形成以 DMAEMA 为核、带有高负电荷的 AA 链段为壳的稳定胶束。Bastian Brugger 等[124]用一种温度和 pH 敏感的微凝胶 PNIPAM-co-MAA 来形成稳定的乳液，研究发现 pH 降低，温度高于体积相转变温度（VPTT）时有利于乳液破乳。由于当温度高于 VPTT 时，pH 降低使得库仑排斥力减小，PNIPAM 的疏水性不能通过库仑力来平衡，因此，微凝胶经历强烈的吸引力，导致界面颗粒聚集，使得稳定层非常脆弱，容易破乳。Liu 和 Armes[125]通过 ATRP 方法制备具有解离特征的 4-乙烯基苯甲酸和甲基丙烯酸-2-（吗啡啉基）乙酯 PVBA-b-PMEMA 两性嵌段共聚物。共聚物在水相中的聚集行为具有 pH、温度和离子响应性。实验发现：pH<6.0 时，聚合物形成以 PVBA 为核的胶束；仅升高 pH 值，聚合物可以在水溶液中形成单聚体；此时再升高温度，形成以 PMAEMA 为核、PVBA 为花冠的胶束；加入足够量的电解质后，通过调节溶液的 pH，可获得两种不同结构的胶束和反相胶束。Tang 等[126]报道了基于 PD-MAEMA 接枝的纤维素纳米晶体（CNC）的 pH 和热响应系统。由于 CNC 表面上存在痕量硫酸盐酶带有轻微负电荷，CNC 可以稳定存在于油水界面上形成乳液。加入酸，pH 降低，使得 PDMAEMA 上的氨基质子化，CNC 颗粒和其表面聚合物之间的静电作用造成了破乳。若将温度升高，体系也会出现相分离，这是因为温度导致了 PDMAEMA 链的拉伸—坍塌转变，改变了颗粒表面的亲疏水性，从而出现破乳现象。

参 考 文 献

[1] Rose J L, Tata B V, Aswal V K, et al. pH-switchable structural evolution in aqueous surfactant-aromatic dibasic acid system[J]. European Physical Journal E, 2015, 38 (1): 1-9.

[2] Oh H, Wos J A, Gardner R R, et al. Cleaning compositions comprising pH-switchable amine surfactants: US, 8877696[P]. 2014-11-04.

[3] Yin J, Chen Y, Jiang J, et al. Synthesis and properties of pH and redox dual-switchable surfactant[J]. Chemical Journal of Chinese Universities, 2017, 38 (9): 1645-1653.

[4] Chen H, Zhang Y, Liu X, et al. Reversibly pH-switchable anionic surfactant-based emulsions[J]. Journal of Surfactants & Detergents, 2017, 20 (5): 1115-1120.

［5］ Graf G, Drescher S, Meister A, et al. Self-Assembled Bolaamphiphile fibers have intermediate properties between crystalline nanofibers and wormlike micelles：Formation of viscoelastic hydrogels switchable by changes in pH and salinity［J］. The Journal of Physcial Chemistry B, 2011, 115(35)：10478-10487.

［6］ Ghosh S, Khatua D, Dey J. Interaction between zwitterionic and anionic surfactants：Spontaneous formation of zwitanionic vesicles［J］. Langmuir, 2011, 27(9)：5184-5192.

［7］ 陈孟. 响应 pH 或温度的烷基化大分子/表面活性剂混合流体制备及其性质研究［D］. 福州：福州大学, 2016.

［8］ Klijn J E, Stuart M C A, Scarzello M, et al. pH-Dependant Phase behavior of carbohydrata-based Gemini surfactants. Effect of the length of the hydrophobic spacer［J］. The Journal of Physical Chemistry B, 2006, 110(43)：21694-21700.

［9］ Johnsson M, Wagenaar A, Stuart M C A, et al. Sugar-based Gemini surfactants with pH-dependant aggregation behavior：vesicle-to-micelle transition, critical micelle concentration, and vesicle surface change reversal［J］. Langmuir, 2003, 19(11)：4609-4618.

［10］ Markus J, Anno W, Engberts J B F N. Sugar-based Gemini surfactant with a vesicle-to-micelle transition at acidic pH and a reversible vesicle flocculation near neutral pH［J］. Journal of the American Chemical Society, 2003, 125(3)：757-760.

［11］ 王犁. 基于 pH 响应的表面活性剂分子自组装研究［D］. 成都：西南石油大学, 2015.

［12］ 石倩萍. pH 响应型表面活性剂胶束体系研究［D］. 成都：西南石油大学, 2016.

［13］ 薛苗. pH 响应型双子表面活性剂的研究［D］. 成都：西南石油大学, 2016.

［14］ Lin Y, Xue H, Huang J, et al. A facile route to design pH-responsive viscoelastic wormlike micelles：Smart use of hydrotropes［J］. Journal of Colloid & Interface Science, 2009, 330(2)：449-455.

［15］ Verma G, Aswal A V K, Hassan P. pH-Responsive self-assembly in an aqueous mixture of surfactant and hydrophobic amino acid mimic［J］. Soft Matter, 2009, 5(15)：2919-2927.

［16］ Chu Z, Feng Y. pH-switchable wormlike micelles［J］. Chemical Communications, 2010, 46(47)：9028-9030.

［17］ Lu H, Shi Q, Huang Z. pH-responsive anionic wormlike micelle based on sodium oleate induced by NaCl［J］. Journal of Physical Chemistry B, 2014, 118(43)：12511-12517.

［18］ Long J, Tian S, Niu Y, et al. Reversible solubilization of typical polycyclic aromatic hydrocarbons by a photoresponsive surfactant［J］. Colloids & Surfaces A Physicochemical & Engineering Aspects, 2014, 454(1)：172-179.

［19］ Li L, Rosenthal M, Zhang H, et al. Light-switchable vesicles from liquid-crystalline homopolymer-surfactant complexes［J］. Angewandte Chemie, 2012, 51(46)：11616-11619.

［20］ 马宇萱. 含偶氮苯基 CO_2/N_2-光双重刺激响应型表面活性剂的合成及性能研究［D］. 无锡：江南大学, 2016.

［21］ 李云霞, 张桂菊, 徐宝财, 等. 特种表面活性剂和功能性表面活性剂——开关型表面活性剂的性能及应用进展［J］. 日用化学工业, 2011, 41(5)：375-380.

［22］ Weis P, Wu S. Light-switchable azobenzene-containing macromolecules：from UV to near infrared［J］. Macromolecular Rapid Communications, 2018, 39(1)：1700220.

［23］ Yan Z, Ji X, Wu W, et al. Light-switchable behavior of a microarray of azobenzene liquid crystal polymer induced by photodeformation［J］. Macromolecular Rapid Communications, 2012, 33(16)：1362-1367.

［24］ 林昶旭, 杨龙, 刘向阳. 光响应咪唑离子头基表面活性剂的合成与性质［C］. 中国化学会胶体与界面化学会议, 2015.

[25] Arai H. Photo-control of the thermal radical recombination reaction: photochromism of an azobenzene-bridged imidazole dimer: Pure and Applied Chemistry[J]. Pure & Applied Chemistry, 2015, 87 (6): 511-523.

[26] 杨龙. 新型光响应表面活性剂合成及其在纳米材料制备中的应用[D]. 泉州: 华侨大学, 2016.

[27] Gong W L, Zhang G F, Li C, et al. Design, synthesis and optical properties of a green fluorescent photo-switchable hexaarylbiimidazole (HABI) with non-conjugated design[J]. RSC Advances, 2013, 3 (24): 9167-9170.

[28] Wendler T, Schuett C, Naether C, et al. Photoswitchable azoheterocycles via coupling of lithiated imidazoles with benzenediazonium salts[J]. The Journal of Organic Chemistry, 2012, 77 (7): 3284-3287.

[29] Liu X, Abbott N L. Spatial and temporal control of surfactant systems [J]. Journal of Colloid & Interface Science, 2009, 339(1): 1-18.

[30] Jr H F, Abbott N L. Effect of light on self-assembly of aqueous mixtures of sodium dodecyl sulfste and cationic, bolaform surfactant containing azobenzene [J]. Langmuir, 2007, 23(9): 4819-4829.

[31] Jr H F, Santonicola G, Kaler E W, et al. Small-angle neutron scattering from mixtures of sodium dodecyl sulfate and a cationic, bolaform surfactant containing azobenzene [J]. Langmuir, 2005, 21 (14): 6131-6136.

[32] Lin Y, Cheng X, Qiao Y, et al. Creation of photo-modulated multi-state and multi-scale molecular assemblies via binary-state molecular switch [J]. Soft Matter, 2010, 6(5): 902-908.

[33] Sakai H, Orihara Y, Kodashima H, et al. Photoiduced reversible change of fluid viscosity [J]. Journal of the American Chemical Society, 2005, 127(39): 13454-13455.

[34] Li J, Zhao M, Zhou H, et al. Photo-induced transformation of wormlike micelles to spherical micelles in aqueous solution [J]. Soft Matter, 2012, 8(30): 7858-7864.

[35] Fang Bo, Lu Tingyang, Wang Jinshuang, et al. Photorheology and rheokinetics of CTAB/chlorocinnamic acid micelles [J]. 中国化学工程学报(英文版), 2015, 23(10): 1640-1646.

[36] Dunkin I R, Gittinger A, Sherrington D C, et al. Synthesis, characterization and applications of azo-containing photodestructible surfactants [J]. Journal of the Chemical Society Perkin Transactions, 1996, 9(9): 1837-1842.

[37] Julian, Eastoe, And M S D, Paul Wyatt, et al. Properties of a stilbene-containing Gemini photosurfactant: light-triggered changes in surface tension and aggregation [J]. Langmuir, 2002, 18(21): 7837-7844.

[38] 刘清斌. 光敏 Gemini 阳离子表面活性剂体系的光响应流变行为研究[D]. 上海: 华东理工大学, 2018.

[39] Kumar R, Ketner A M, Raghavan S R. Nonaqueous photorheological fluids based on light-responsive reverse wormlike micelles [J]. Langmuir the Asc Journal of Surfaces & Colloids, 2010, 26(8): 5405-5411.

[40] Wang D, Dong R, Long P, et al. Photo-induced phase transition from multiamellar vesicles to wormlike micelles [J]. Soft Matter, 2011, 7(22): 10713-10719.

[41] Takahashi Y, Yamamoto Y, Hata S, et al. Unusual viscoelasticity behavior in aqueous solutions containing a photoresponsive amphiphile [J]. Journal of Colloid & Interface Science, 2013, 407(10): 370-374.

[42] Song B, Hu Y, Zhao J. A single-component photo-responsive fluid based on a gemini surfactant with an azobenzene spacer [J]. Journal of Colloid & Interface Science, 2009, 333(2): 820-822.

[43] Yang M, Fang B, Jin H, et al. Rheology and rheo-kinetics of photosensitive micelle composed of 3-chloro-2-hydroxypropyl oleyl dimethyl ammonium acetate and -4-phenylazo benzoic acid [J]. Journal of Dispersion Science & Technology, 2015, 37(11): 1655-1663.

[44] Kunieda H, Shinoda K. Solution behavior and hydrophile－lipophile－balance－temperature in ionic surfactant/cosurfactant/brine/oil system－estimation of hydrophile-lipophile-balance of ionic surfactant[J]. Journal of Japan Oil Chemists Society, 2010, 29 (9)：676–682.

[45] Binks B P, Rocher A. Effects of temperature on water－in－oil emulsions stabilised solely by wax micropartic-cles[J]. Journal of Colloid & Interface Science, 2009, 335 (1)：94–104.

[46] Yang Y, Liu L, Huang X, et al. Temperature－induced vesicle to micelle transition in cationic/cationic mixed surfactant systems[J]. Soft Matter, 2015, 11 (45)：8848–8855.

[47] Yang H, Liang F, Wang X, et al. Responsive Janus Composite Nanosheets[J]. Macromolecules, 2013, 46(7)：2754–2759.

[48] Wang X, Zeng M, Yu Y H, et al. Thermosensitive ZrP-PNIPAM pickering emulsifier and the controlled-release behavior[J]. ACS Applied Materials & Interfaces, 2017, 9(8)：7852–7858.

[49] Sakiko Tsuji, Haruma Kawaguchi. Thermosensitive pickering emulsion stabilized by poly(N-isopropylacryl-amide)-carrying particles[J]. Langmuir, 2008, 24(7)：3300–3305.

[50] Zhao B, Zhu L. Mixed polymer brush-grafted particles：A new class of environmentally responsive nano-structured materials[J]. Macromolecules, 2009, 42(24)：9369–9383.

[51] Lee W F, Chiu R J. Investigation of charge effects on drug release behavior for ionic thermosensitive hydro-gels[J]. Materials Science and Engineering C, 2002, 20(1–2)：161–166.

[52] Schmittel M, Lal M, Graf K, et al. N, N-dimethyl-2, 3-dialkylpyrazinium salts as redox-switchable sur-factants? Redox, spectral, EPR and surfactant properties[J]. Chemical Communications, 2005, 45 (45)：5650–5652.

[53] Shrestha N K, Takebe T, Saji T. Effect of particle size on the co-deposition of diamond with nickel in pres-ence of a redox-active surfactant and mechanical property of the coatings[J]. Diamond & Related Materials, 2006, 15 (10)：1570–1575.

[54] Takeoka Y, Aoki T, Kohei Sanui A, et al. Electrochemical studies of a redox-active surfactant. Correlation between electrochemical responses and dissolved states[J]. Langmuir, 2013, 12 (2)：487–493.

[55] 孔伟伟, 郭爽, 张永民, 等. 含硒磺基甜菜碱表面活性剂界面性能的氧化—还原响应行为[J]. 物理化学学报, 2017, 33 (6)：1205–1213.

[56] Saji T, Hoshino K, Aoyagui S. Reversible formation and disruption of micelles by control of the redox state of the head group [J]. Cheminform Abstract, 1985, 17(12)：6865–6868.

[57] Tsuchiya K, Orihara Y, Kondo Y, et al. Control of viscoelasticity using Redox reaction[J]. Journal of the American Chemical Society, 2004, 126(39)：12282–12283.

[58] Alkan A, Wald S, Louage B, et al. Amphiphilic ferrocene-containing PEG block copolymers as micellar nanocarriers and smart surfactants[J]. Langmuir, 2016, 33(1)：272.

[59] Liang C, Harjani J R, Robert T, et al. Use of CO_2-triggered switchable surfactants for the stabilization of oil-in-water emulsions[J]. Energy & Fuels, 2012, 26 (1)：488–494.

[60] Harjani J R, Liang C, Jessop P G. A synthesis of acetamidines[J]. Journal of Organic Chemistry, 2011, 76 (6)：1683–1691.

[61] Darabi A, Jessop P G, Cunningham M F. CO_2-responsive polymeric materials：synthesis, self-assembly, and functional applications[J]. Chemical Society Reviews, 2016, 45 (15)：4391–4436.

[62] Chen S, Zhang W, Wang C. Mechanism and properties of recycled pigment foam dyeing controlled by alkyl-guanidine-type switchable surfactant[J]. Journal of Textile Research, 2015, 35 (2)：71–73.

[63] Qin Y, Yang H, Ji J, et al. Reversible performance of dodecyl tetramethyl guanidine solution induced by

CO$_2$ trigger[J]. Tenside Surfactants Detergents, 2013, 46 (5)：294-297.

[64] Scott L. Designing the head group of switchable surfactants[D]. Kingston：Queen's University, 2009.

[65] Chai M, Zheng Z, Bao L, et al. CO$_2$/N$_2$ triggered switchable surfactants with imidazole group[J]. Journal of Surfactants & Detergents, 2014, 17 (3)：383-390.

[66] Fowler C I, Jessop P G, Cunningham M F. Aryl amidine and tertiary amine switchable surfactants and their application in the emulsion polymerization of methyl methacrylate[J]. Macromolecules, 2012, 45 (7)：2955-2962.

[67] Elhag A S, Chen Y, Chen H, et al. Switchable amine surfactants for stable CO$_2$/brine foams in high temperature, high salinity reservoirs[C]. SPE 169041-MS, 2014.

[68] Jessop P G, Cunningham M F. Tertiary amine-based switchable cationic surfactants and methods and systems of use thereof：US, 13/751963[P]. 2013-08-08.

[69] Wu W T, Zhang Y M, Liu X F. Synthesis and performance of tertiary amine-based CO$_2$ switchable surfactants[J]. China Surfactant Detergent & Cosmetics, 2017, 20 (25)：1-7.

[70] 韦长梅. 脒基化合物的合成与晶体结构研究[D]. 南京：南京工业大学, 2004.

[71] 秦勇, 纪俊玲, 汪媛, 等. 十二烷基四甲基脒CO$_2$开关表面活性剂的性能研究[J]. 日用化学品科学, 2009, 32 (11)：18-22.

[72] 宋永波. 脒基表面活性剂的合成与性能研究[D]. 太原：山西大学, 2013.

[73] 崔哲. 脒类开关型表面活性剂的合成及其应用[D]. 无锡：江南大学, 2012.

[74] Qiao W, Zheng Z, Shi Q. Synthesis and properties of a series of CO$_2$ switchable surfactants with imidazoline group[J]. Journal of Surfactants & Detergents, 2012, 15 (5)：533-539.

[75] 何宇. 咪唑啉型CO$_2$/N$_2$开关表面活性剂的合成与性能研究[D]. 成都：西南石油大学, 2014.

[76] Zhao M, He H, Dai C, et al. Micelle formation by amine-based CO$_2$-responsive surfactant of imidazoline type in an aqueous solution [J]. Journal of Molecular Liquids, 2018, 268：875-881.

[77] 王铖. CO$_2$刺激响应型表面活性剂的合成及性能研究[D]. 无锡：江南大学, 2015.

[78] Yang J, Dong H. CO$_2$-responsive aliphatic tertiary amine-modified alginate and its application as a switchable surfactant[J]. Carbohydrate Polymers, 2016, 153：1-6.

[79] Zhou M, Wang G, Xu Y, et al. Synthesis and performance evaluation of CO$_2$/N$_2$ switchable tertiary amine gemini surfactant[J]. Journal of Surfactants & Detergents, 2017, 20 (25)：1-7.

[80] Chen X, Adkins S S, Nguyen Q P, et al. Interfacial tension and the behavior of microemulsions and macroemulsions of water and carbon dioxide with a branched hydrocarbon nonionic surfactant [J]. The Journal of Supercritical Fluids, 2010, 55(2)：712-723.

[81] Chen Y, Elhag A S, Cui L, et al. CO$_2$-in-water foam at elevated temperature and salinity stabilized with a nonionic surfactant with a high degree of ethoxylation [J]. Industrial & Engineering Chemistry Research, 2015, 54(16)：4252-4263.

[82] Chen Y, Elhag A S, Reddy P P, et al. Phase behavior and interfacial properties of a switchable ethoxylated amine surfactant at high temperature and effects on CO$_2$-in-water foams [J]. Journal of Colloid & Interface Science, 2016, 470：80-91.

[83] Liu Y, Jessop P G, Cunningham M, et al. Switchable surfactants[J]. Science, 2006, 313 (5789)：958-960.

[84] 王琳. 含脒基开关型表面活性剂的合成及应用研究[D]. 大连：大连理工大学, 2008.

[85] 郑智博. CO$_2$开关表面活性剂的合成及其乳液、囊泡的调控[D]. 大连：大连理工大学, 2015.

[86] Lu H S, Guan X Q, Dai S S, et al. Application of CO$_2$-triggered switchable surfactants to form emulsion

with Xinjiang heavy oil [J]. Journal of Dispersion Science and Technology, 2014, 35(5): 655-662.

[87] Jiang J, Zhu Y, Cui Z, et al. Switchable pickering emulsions stabilized by silica nanoparticles hydrophobized in situ with a switchable surfactant [J]. Angewandte Chemie, 2013, 52 (47): 12373-12376.

[88] Kaster K M, Kjeilen-Eilertsen G, Boccadoro K, et al. Mechanisms involved in microbially enhanced oil recovery[J]. Transport in Porous Media, 2012, 91(1): 59-79.

[89] Krieger N, Neto D C, Mitchell D A. ChemInform Abstract: Production of Microbial Biosurfactants by Solid-State Cultivation[J]. Cheminform, 2012, 43(40): 203-210.

[90] 马歌丽, 彭新榜, 马翠卿, 等. 生物表面活性剂及其应用 [J]. 中国生物工程杂志, 2003, 23(5): 42-45.

[91] 冯海柱, 程武刚, 陈刚, 等. 生物表面活性剂提高采收率技术室内研究[J]. 当代化工, 2015(2): 243-244.

[92] Zou C J, Wang M, Xing Y, et al. Characterization and optimization of biosurfactants produced by Acinetobacter baylyi, ZJ2 isolated from crude oil-contaminated soil sample toward microbial enhanced oil recovery applications[J]. Biochemical Engineering Journal, 2014, 90: 49-58.

[93] Kim K, Park K, Kim G, et al. Surface charge regulation of carboxyl terminated polystyrene latex particles and their interactions at the oil/water interface [J]. Langmuir, 2014, 30(41): 12154-12170.

[94] Liu W X, Sun J Y, Ding L L, et al. Rhizobacteria (Pseudomonas sp. SB) assist phytoremediation of oily-sludge-contaminated soil by tall fescue (Testuca arundinacea L.) [J]. Plant and Soil, 2013, 371(1-2): 533-542.

[95] 李南臻, 王刚, 万玉军, 等. 产鼠李糖脂铜绿假单胞菌的选育及其发酵条件的优化研究[J]. 食品与发酵科技, 2018, 54 (1): 1-8.

[96] 郑江鹏, 梁生康, 石晓勇, 等. 生物表面活性剂/碱复配体系的界面性能及对原油采收率的影响 [J]. 中国海洋大学学报, 2015, 45(6): 72-77.

[97] Pekdemir T, Copur M, Urum K. Emulsification of crudeoil-water systems using biosurfactants [J]. Process Safety and Environmental protection, 2005, 83 (1): 38-46.

[98] 宁春莹, 李政, 顾贵洲, 等. 糖脂类生物表面活性剂在采油中的应用[J]. 辽宁石油化工大学学报, 2016, 36 (2): 13-16.

[99] Al-Sulaimani H, Al-Wahaibi Y, Al-Bahry S, et al. Residual-oil recovery through injection of biosurfactant, chemical surfactant, and mixtures of both under reservoir temperatures: induced-wettability and interfacial-tension effects[J]. SPE Reservoir Evaluation & Engineering, 2012, 15 (2): 210-217.

[100] Youssef N, Simpson D R, Duncan K E, et al. In situ biosurfactant production by Bacillus strains injected into a limestone petroleum reservoir [J]. Applied & Environmental Microbiology, 2007, 73 (4): 1239-1247.

[101] Youssef N, Simpson D R, Mcinerney M J, et al. In-situ lipopeptide biosurfactant production by Bacillus strains correlates with improved oil recovery in two oil wells approaching their economic limit of production [J]. International Biodeterioration & Biodegradation, 2013, 81(5): 127-132.

[102] Liu J F, Zhao Z S, Jiang G B. Coating Fe_3O_4 magnetic nanoparticles with humic acid for high efficient removal of heavy metals in water[J]. Environmental Science & Technology, 2008, 42(18), 6949-6954.

[103] Jung J H, Lee J H, Shinkai S. Functionalized magnetic nanoparticles as chemosensors and adsorbents for toxic metal ions in environmental and biological fields[J]. Chemical Society Reviews, 2011, 40(9): 4464-4474.

［104］Bhaumik M，Maity A，Srinivasu V，et al. Enhanced removal of Cr（Ⅵ）from aqueous solution using poly-pyrrole/Fe_3O_4 magnetic nanocomposite[J]. Journal of Hazardous materials，2011，190(1-3)：381-390.

［105］Ambashta R D，Sillanpaa M. Water purification using magnetic assistance：a review[J]. Journal of Hazardous materials，2010，180：38-49.

［106］谢宇，魏娅，崔霞，等. 磁响应 Fe_3O_4/HCS 复合微球的制备及特性[J]. 南昌航空大学学报(自然科学版)，2008，22(4)：60-63.

［107］耿璐，郑博雅，李凯，等. 磁性壳聚糖的制备及在三次采油中的应用[J]. 现代化工，2017，37(11)：219-222.

［108］Palchoudhury S，Lead J R. A facile and cost-effective method for separation of oil-water mixtures using polymer – coated iron oxide nanoparticles[J]. Environmental Science & Technology，2014，48：14558-14563.

［109］Wang H，Lin K Y，Jing B，et al. Removal of oil droplets from contaminated water using magnetic carbon nanotubes[J]. Water Research，2013，47：4198-4205.

［110］李枫. 强化采油采出水乳液稳定性机理及脱稳技术研究[D]. 济南：山东大学，2017.

［111］Kim J，Cote L J，Kim F，et al. Graphene oxide sheets at interfaces[J]. Journal of the American Chemical Society，2010，132：8180-8186.

［112］江希，甄景超，陈庆云，等. 一种智能纳米泡沫驱油剂的制备方法技术：CN108659807A[P]. 2018-10-16.

［113］Hui Y，Hou Q F，Wang S J，et al. Magnetic-responsive switchable emulsions based on Fe_3O_4@SiO_2NH_2 nanoparticles[J]. Chemical Communications，2018，54(76)：10679.

［114］Rahbar M，Ayatollahi S，Ghatee M H. The roles of nano-scale intermolecular forces on the film stability during wettability alteration process of the oil reservoir rocks[C]. SPE 132616，2010.

［115］Di Q F. Innovative drag reduction of flow in Rock's micro-channels using nano particales adsorbing method[C]. SPE 130994，2010.

［116］黄涛，姚军，黄朝琴. 铁磁流体驱油试验[J]. 中国石油大学学报(自然科学版)，2018.

［117］Singh S，Ahmed R. Vital role of nanopolymers in drilling and stimulations fluid applications[C]. SPE 130413，2010.

［118］尹金超，陈宇开，蒋建中，等. 酸碱—氧化还原双重刺激响应型表面活性剂的合成与性能[J]. 高等学校化学学报，2017，38(9)：1645-1653.

［119］Jiang J，Ma Y，Cui Z，et al. Pickering emulsions responsive to CO_2/N_2 and light dual stimuli at ambient temperature[J]. Langmuir the Acs Journal of Surfaces & Colloids，2016，32(34)：8668-8675.

［120］郑饶君，蒋建中，崔正刚. CO_2/N_2-光双重刺激响应型表面活性剂的合成及性能研究[J]. 应用化工，2016，45(8)：1415-1417.

［121］Zheng C，Lu H，Wang L，et al. The pH and temperature dual-responsive micelle transition in the mixture of hydrotrope potassium phthalic acid and quaternary ammonium surfactants cetyltrimethylammonium bromide[J]. Journal of Dispersion Science & Technology，2017，38(9)：1330-1335.

［122］Yan Z，Dai C，Zhao M，et al. Thermal and pH dual stimulated wormlike micelle in aqueous N-cetyl-N-methylpyrrolidinium bromide cationic surfactant-aromatic dibasic acid system[J]. Colloid & Polymer Science，2015，293(9)：2617-2624.

［123］熊智瑛. 环境响应型两嵌段两性聚电解质 PDMAEMA-b-PAA 的合成及性质研究[D]. 上海：华东理工大学，2011.

［124］Brugger B，Rosen B A，Richtering W. Microgels as stimuli-responsive stabilizers for emulsions[J].

Langmuir, 2008, 24(21): 12202-12208.

[125] Liu S Y, Armes S P. Synthesis and aqueous solution behavior of a pH-responsive schizophrenic diblock co-polymer[J]. Langmuir, 2003, 19(10): 4432-4438.

[126] Tang J, Lee M F X, Zhang W, et al. Dual responsive pickering emulsion stabilized by poly[2-(dimethyl-amino) ethyl methacrylate] grafted cellulose nanocrystals [J]. Biomacromolecules, 2014, 15(8): 3052-3060.

第3章 CO₂响应型表面活性剂

CO$_2$/N$_2$开关型表面活性剂通过控制表面活性剂分子结构的可逆变化，使其在需要时具备表面活性，乳化油水两相，不需时则失去活性，实现破乳。

以 CO$_2$/N$_2$为"开/关"的开关型表面活性剂利用 CO$_2$触发表面活性剂开关性能，这个过程中使用的 CO$_2$不仅廉价易得、环保无害，而且不在反应中积累，当需要实现"关"的状态时，体系中通入 N$_2$即可破乳恢复开始状态。此可逆过程可以循环进行，不仅减少了表面活性剂用量，降低对环境的影响，而且可以实现水循环注井，降低采油成本。目前，世界上许多油田都已进入高含水采油阶段，中国陆上注水开发油田的综合含水率已高达 81%，有的油田含水率高达 90% 以上[1]。投资高，产出少(注入油层几十吨水，采出 1t 原油)，经济效益低，后续水处理工作量大。如果以开关型表面活性剂来实现采油阶段的乳化—破乳性能，不仅可以提高原油采收率和油藏年产油量，更重要的是可以实现水循环注采，在提高经济效益的同时也减少了环境污染。

CO$_2$开关型表面活性剂[2,3]由于其表(界)面活性可以根据环境的变化进行双向调控，被视为最具有开发性的一类新型表面活性剂。目前，CO$_2$开关型表面活性剂的合成、应用研究主要集中在不同亲水头基物质的性能比较，包括脒基、叔氨基、胍基、咪唑等在乳液聚合[4-6]、纳米材料[7,8]、环境保护[9]等领域的应用，在合成优化方面很少报道。目前，相关科学家研究最多的是长链烷基乙脒的合成、表面性能[9]、制备 Picking 乳液[10]等方向。但在合成方面，物质结构的变化仅体现在疏水链的变化，即改变疏水链的烷基链长度或在疏水链中插入亲水性基团，如磺酸基、氧原子等，这一改变并未在很大程度上提高物质亲水性能，所以建立改变亲水官能团结构的方法显得尤为重要，尤其是在亲水脒基上改变亲水基团种类，可进一步扩大 CO$_2$/N$_2$开关型表面活性剂的种类，从而提高表面活性剂的亲水性能，拓展其应用范围和领域。

3.1 CO$_2$开关型表面活性剂的应用

2010 年以来，CO$_2$开关型表面活性剂开始受到极其广泛的关注，被大量报道于乳液聚合[11,12]、稠油集输[13]、泡沫排水[14,15]、Cds 纳米量子点[16]和囊泡调控[17,18]等化工过程。

3.1.1 乳液聚合和破乳

Lu 等[12]利用长链烷基乙脒基碳酸氢盐作为乳化剂引发苯乙烯发生自由基聚合，聚合反应生成的纳米聚苯乙烯乳液具有高度稳定性，但难以分离。然而，通过加热乳液至65℃，同时向体系中通入 N_2 可使碳酸氢盐去质子化失活，冷却后发现乳液破乳，聚合物沉淀，粒子从乳液中沉淀下来。

3.1.2 稠油集输

工业化进程的迅速发展使常规原油的产量已经很难满足当前社会的需求。稠油乳化运输通常要求乳液在运输中具有良好的稳定性，到达终点后乳液尽可能快速破乳，这成为稠油乳化集中运输的主要矛盾。CO_2 开关乳液由于具有独特的 CO_2 开关响应特性，根据所需在特定的阶段实现乳液乳化/破乳，因此被视为解决上述矛盾的可行手段。Lu 等[13]通过研究开关型表面活性剂在稠油运输中的作用，证明了 CO_2 开关型表面活性剂可以在运输过程实现乳化，在终点结束时实现破乳。

3.1.3 泡沫排水

泡沫流体钻井作为钻井技术的一种重要手段，具备了密度低、抗污染性能强、悬浮携带性能好及对储层伤害小等特性。Elhag 等[14]证明了长链烷基乙脒开关型表面活性剂作为泡沫钻井液用发泡剂，其起泡、消泡过程可以通过向体系中通入 CO_2/N_2 人为控制并循环使用。

3.1.4 Cds 纳米量子点

CO_2/N_2 开关型表面活性剂能在水或油中形成胶束或反胶束，此类胶束体系在开关型表面活性剂活性状态到无活性状态转换时能有效破乳，将乳液分成油水两相，通入 CO_2 后能重新形成胶束。由于破乳后失去表面活性的烷基脒在纳米粒子上的吸附作用比表面活性状态时大大降低，万乐平[16]通过简单洗涤清除了粒子表面吸附的化合物。该方法能大大简化纳米粒子制备中烦琐的破乳、除去表面活性剂、回收分离等过程。

3.1.5 囊泡调控

囊泡是由两亲分子形成的具有双分子层结构的封闭球形有序组合体。其与细胞膜结构相似，在药物包封释放、生物膜模拟等领域具有潜在的应用价值。含有脒基的化合物在吸收和排出 CO_2 时结构和性质发生可逆转化，在 CO_2 和 N_2 作用下实现从中性脒到阳离子脒基碳酸氢盐的可逆相互转化，若将药物包裹在该类表面活性剂形成的囊泡内部，有望实现定点释放和运输。郑智博[19]通过调节 pH 控制脒基开关型表面活性剂和十二烷基苯磺酸钠混合体系的囊泡形貌，微观上指导乳液性能可逆调控。

3.2 脒基 CO_2 开关型表面活性剂的合成方法

脒的经典合成方法有羰胺缩合法[20,21]、酰氯法[16]、亚氨酯法[22,23]、酰胺缩醛法（Scoggins Procedure）[24,25]等。

3.2.1 羰胺缩合法

羰基和氨基发生缩合反应脱去水分子是形成碳氮双键的经典方法。长链烷基脒类物质可由 N，N-二甲基乙酰胺和长链伯胺直接反应脱去一分子水生成，如图3.1所示。

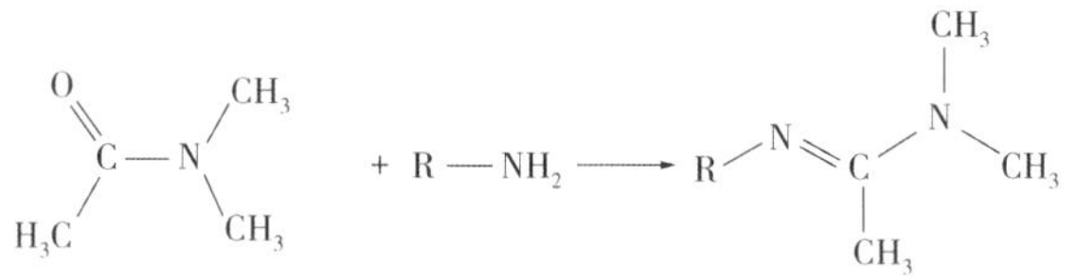

图 3.1　羰胺缩合法合成脒

氨基的亲核性受 pH 影响较大，酸度过强会降低氨基的亲核性。而羰胺缩合反应的反应速率与胺的亲核性成正比，因此合适的酸度有利于反应的进行。王琳[26]通过设计不同合成条件，证明了羰胺缩合反应在中性介质反应时，中间体 α-羟基胺的脱水反应是速率决定步骤；在酸性介质中，中间体 α-羟基胺的形成为速率决定步骤，变量调控确定反应最佳 pH 为 4。但在合成 N'-长键烷基-N；N-二甲基乙脒（DMAA）过程中，由于 N，N-二甲基乙酰胺亲电能力较弱，与伯胺反应条件苛刻，需要三氯氧磷、三氯化磷（剧毒品）作为脱水缩合剂进行脱水缩合，而且对体系 pH 要求严格，从而使该方法受到限制。

3.2.2 酰氯法

氨基酰氯的羰基上连有氨基和氯基两个强性吸电子基，使得羰基的亲电性提高，反应活性增强。Yamada 等[27]采用酰胺与二甲氨基甲酰氯反应生成脒，反应路径如图3.2所示。但由于脒具有碱性，极易与 HCl 结合形成脒基盐酸盐，反应过程中需用 NaOH 中和体系的 HCl 得到稳定的长链烷基乙脒。

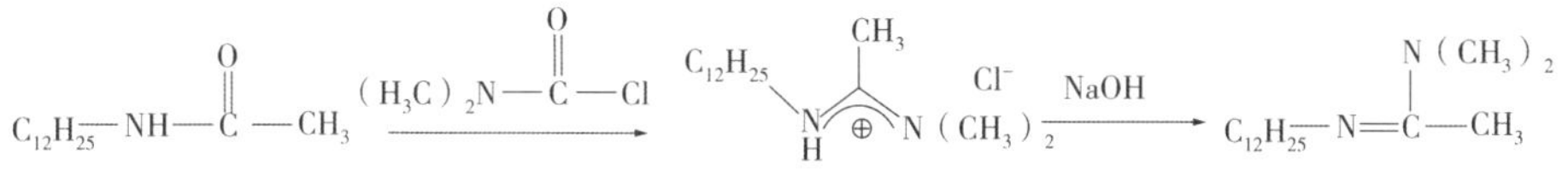

图 3.2　酰胺和酰氯主反应路径

3.2.3 亚氨酯法

亚氨酸酯（亚氨酯）是一种被广泛应用的有机合成中间体，具有比酰胺更强的亲电性能，通常与伯胺或仲胺反应，生成脒反应按图3.3进行，进而可合成其他含氮的杂环化合物，如咪唑等[28]。

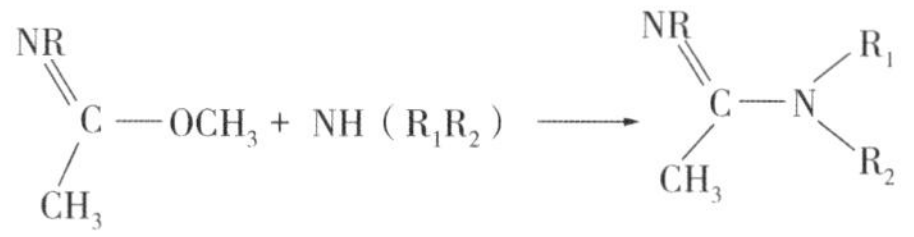

图 3.3　亚氨酯法合成脒

目前，*N*-烷基乙亚氨酸甲酯的合成方法有以下几种：

（1）Pinner 反应。

在酸（如盐酸）催化下，腈与醇反应生成亚氨酯的盐酸盐，再与氨基氰反应生成 *N*-烷基乙亚氨酸甲酯化合物，如图 3.4 所示[29]。但 Pinner 反应过程需耗用大量的盐酸，反应结束后盐酸的处理会对环境造成污染。

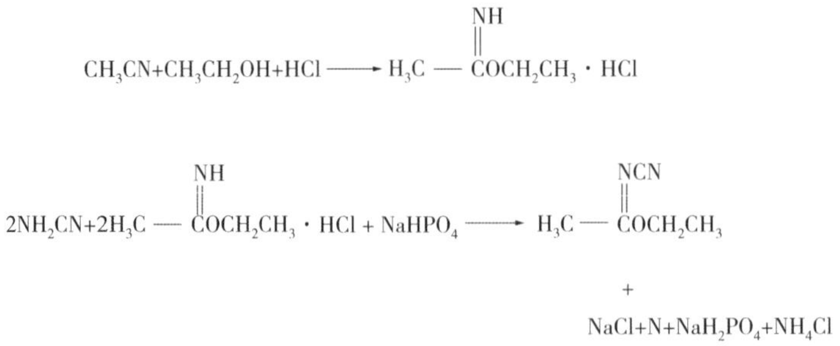

$$CH_3CN+CH_3CH_2OH+HCl \longrightarrow H_3C \overset{\overset{NH}{\|}}{-} COCH_2CH_3 \cdot HCl$$

$$2NH_2CN+2H_3C \overset{\overset{NH}{\|}}{-} COCH_2CH_3 \cdot HCl + NaHPO_4 \longrightarrow H_3C \overset{\overset{NCN}{\|}}{-} COCH_2CH_3$$

$$+$$
$$NaCl+N+NaH_2PO_4+NH_4Cl$$

图 3.4　Pinner 反应原理

（2）银盐烷基化法。

通过酰胺衍生物在氧化银作用下烷基化，得到 *N*-烷基乙亚氨酸甲酯，如图 3.5 所示[23]。但银盐不稳定，在光照和高温下能够分解。

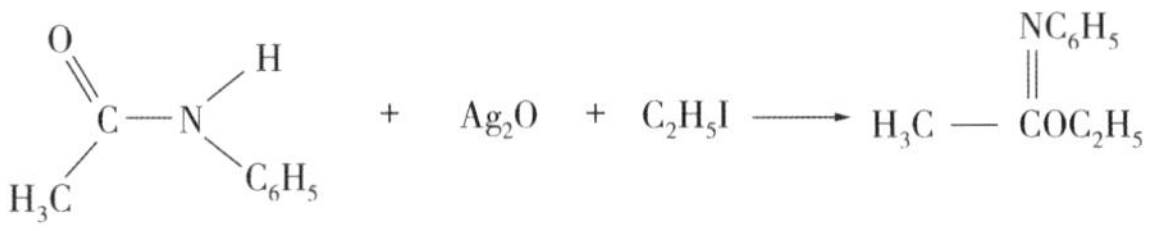

$$\overset{O}{\overset{\|}{C}}\overset{H}{\underset{C_6H_5}{-N}} + Ag_2O + C_2H_5I \longrightarrow H_3C \overset{\overset{NC_6H_5}{\|}}{-} COC_2H_5$$
$$H_3C$$

图 3.5　银盐烷基化原理

（3）氨基酸酯转化法。

由简单的亚氨酸甲酯在等量氨基酸酯（常用盐酸氨基酸）存在下转化形成，如图 3.6 所示[30]。

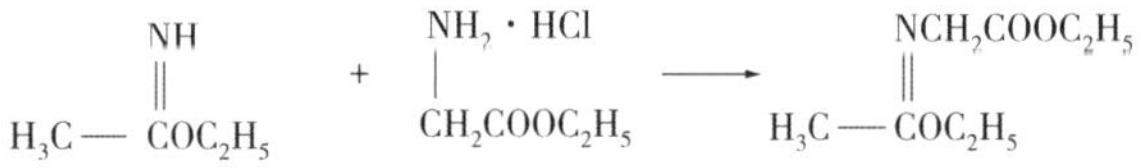

$$H_3C \overset{\overset{NH}{\|}}{-} COC_2H_5 + \overset{NH_2 \cdot HCl}{\underset{CH_2COOC_2H_5}{|}} \longrightarrow H_3C \overset{\overset{NCH_2COOC_2H_5}{\|}}{-} COC_2H_5$$

图 3.6　氨基酸酯转化法合成

（4）原甲酸三乙酯法。

在酸催化下，通过原酯的胺解反应合成，如图 3.7 所示[31]。该方法获得产品亚氨酸甲酯的产率低。

$$ArNH_4+HC(OCH_2CH_3)_3 \xrightarrow{+H^+} ArN=CHOCH_2CH_3 + 2CH_3CH_2OH$$

图 3.7　原甲酸三乙酯法合成

3.2.4 酰胺缩醛法

酰胺缩醛法(Scoggins Procedure),一直以来被认为是最简单的合成烷基脒的方法,反应路径如图 3.8 所示。Jessop 等[32]证明 N,N-二甲基乙酰胺具有较弱的亲电性能,但若将羰基进行修饰,则可大大提高其亲电性能。而 N,N-二甲基乙酰胺二甲基缩醛(NNDADA)分子中含有两个活化的甲氧基,其亲电能力比 N,N-二甲基乙酰胺强,与伯胺类物质反应迅速成脒,与羰胺缩合法比较缩短了反应时间,且反应收率较高。通过研究 Scoggins Procedure 反应,发现在室温下反应,体系中存在二甲胺时更有利于烷基脒生成,而高温和高醚类溶剂则促进亚氨酯的合成,并推测亚氨酯可能是 Scoggins Procedure 反应的中间体,烷基脒类物质经由亚氨酯与二甲胺反应生成,在此理论指导下合成了产率达到 97% 的烷基脒,省去了亚氨酯和烷基脒的分离步骤。但该方法反应时间长达 24h,真空旋蒸时间为 8h。Zhang[32]和 Liu[33]等均在二甲胺存在下改变胺的种类与 NNDADA 反应合成一系列脒类开关型表面活性剂,并对其性能进行研究。

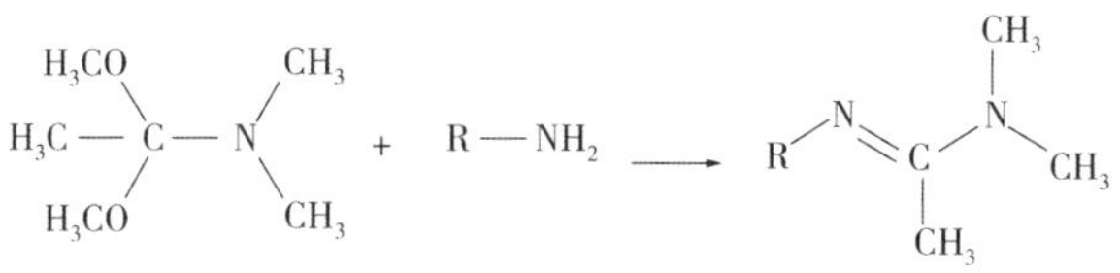

图 3.8 Scoggins Procedure 反应途径

3.3 CO_2 开关型表面活性剂的性能研究方法

文献[2,4,34]在证明脒类物质 CO_2/N_2 开关性能时,仅仅测试一种物质的电导率来说明所有该类物质均具有开关型,对乳液结构类型和乳液稳定性也没有详细的说明。大多数研究者集中讨论了 CO_2 开关型表面活性剂的稠油运输[35]、纳米颗粒[7]等功能,通过改变表面活性剂头基或尾基[36],大范围讨论疏水尾基和亲水头基对物质性能的影响,缺少不同尾基链长的同类物质的性能比较。一般来说,比较同类 CO_2 开关型表面活性剂有以下性能测试。

3.3.1 电导率测定

电导率 $K=GL/A$,表示溶液传导电流的能力,描述物质中电荷流动的难易程度。其中,G 代表溶液的电导;A 代表测量电极的有效极板面积;L 代表两极板的距离。脒类物质属于中性物质,本身不带电荷,这类化合物在水中与 CO_2 反应后,转化为带正电荷的阳离子盐表面活性剂,反应方程式如图 3.9 所示,该反应是可逆反应,在通入 N_2 的状态下可分解释放出 CO_2 重新生成中性脒,循环使用。Liu 和 Jessop[2]通过测量脒类物质的电导率变化,反映溶液体系中性脒和阳离子盐之间的转化,证明脒类化合物具有 CO_2/N_2 开关性能[37,38]。

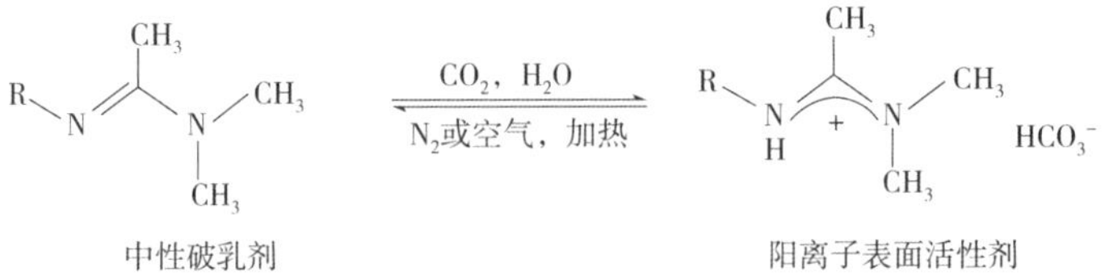

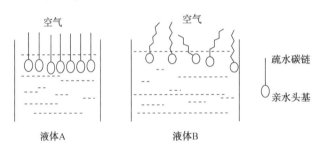

图 3.9 长链烷基脒及其碳酸氢盐的质子化和去质子化过程

3.3.2 表面张力测定

液体与空气相邻两部分之间，受到相互牵引的拉力称为表面张力，它促进液体表面收缩[39]。纯水的表面张力大，室温下为 72mN/m 左右，当在水溶液中加入具有亲油和亲水基团的表面活性剂后，亲水基团受到水分子吸引，把非极性烃链拉入水中，而亲油基团受到水分子的排斥，脱离水溶液表面，造成溶液表面受力不均。表面活性剂吸附在溶液表面，将亲油基伸向气相，亲水基伸向水相，形成定向单分子吸附，溶液不稳定状态达到平衡，如图 3.10 所示。表面活性剂促使气液界面的张力下降，表现出表面活性，能够降低表面张力。通过测量物质的表面张力参数，在一定程度上可说明表面活性剂降低表面张力的能力，比较表面活性的大小。

图 3.10 表面活性剂分子排列在溶液表面

3.3.3 乳液类型与颗粒尺寸测定

乳液，一般呈乳白色，是一种液体以小液珠形式分散在与它不相混溶的另一种液体中而形成的分散体系。乳液能够反射可见光，可用一般光学显微镜观察乳液结构。根据乳液的包裹层是水层还是油层，可将乳液分为油包水（W/O）和水包油（O/W）两种类型[38]，W/O 型乳液黏稠，广泛应用于保湿乳液、奶油等，而 O/W 型乳液则可应用于稠油运输等。通过对乳液颗粒大小的测定，可以比较表面活性剂形成乳液体系的稳定性，筛选出合适的表面活性剂。

3.3.4 乳液稳定性分析

乳液形成后，在分散相和连续相之间会形成很大的界面，增大体系的自由能，乳化的两液体有自发分离的趋势，从热力学观点看，乳液是不稳定体系。但是均一的乳液中分子又处在不断的运动中，因此从动态角度看，乳液又可在相当长时间内保持相对稳定。目前认为影响乳液稳定的因素有界面膜强度、油水界面张力、静电排斥、立体排斥和界面黏度等[39]。乳液稳定性的评价方法主要是静置法，依靠重力观察乳液分层状况，计算在一段时间内乳液分水率(量)和分油率(量)随时间的变化，比较表面活性剂形成乳液体系的稳定性。

3.4　N'-长链烷基-N，N-二甲基乙脒的酰胺缩醛法合成与应用性能

N，N-二甲基乙酰胺二甲基缩醛(NNDADA)是被活化的酰胺，亲电能力强，与伯胺(PA)反应条件可控，以 N，N-二甲基乙酰胺二甲基缩醛和伯胺为原料的酰胺缩醛法(Scoggins Procedure)反应一直以来被认为是最简单的合成烷基脒方法。Scoggins Procedure 反应为亲核反应历程，明确烷基乙脒和亚氨酯的反应历程是实现有效调控产物分布的基础。以此为依据，可进一步优化 N'-长链烷基-N，N-二甲基乙脒(DMAA)的合成条件。

3.4.1　酰胺缩醛法合成脒的反应历程

以 N，N-二甲基乙酰胺二甲基缩醛和十二胺为反应原料，在考察的反应条件下，能实现十二胺的完全转化，不添加溶剂时 Scoggins Procedure 反应的核磁共振氢谱(^{1}H NMR)结果如图 3.11 所示。

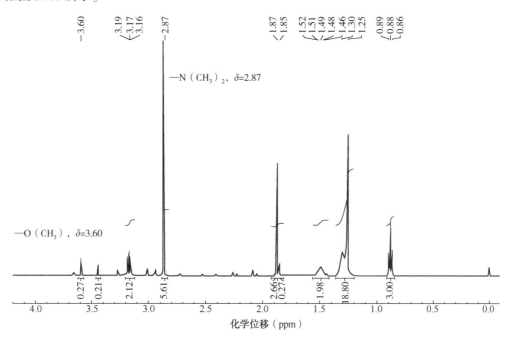

图 3.11　无溶剂条件下 Scoggins Procedure 产物分布

图 3.11 中核磁共振氢谱峰对应的 DMAA 和乙亚氨酸甲酯(OMAI)中氢原子化学位置，结合 Chem Draw 软件的 Predicting 功能分析如下(化学位移值与黑体倾斜标出的基团一致)：

^{1}H NMR (500MHz，CDCl₃)：0.88(m；3H；***CH₃***C₁₁H₂₂)；1.26(d；18H；CH₃***C₉H₁₈***CH₂

$CH_2N)$；1.49（m；2H；$CH_3 C_9 H_{18} \textit{CH}_2 CH_2 N$）；1.88〔t；3H；C（***CH***$_3$）〕；2.87〔t；6H；N（***CH***$_3$）$_2$〕；3.17(t；2H；$C_{11} H_{23} \textit{CH}_2 N$)；3.60(m；$OCH_3$)

谱图中，$\delta_H = 3.60$ 为 OMAI 中甲氧基的特征氢（—OCH_3）的化学位移[23]，$\delta_H = 2.87$ 为 DMAA 中单键氮原子上连接的两个甲基上的氢原子的特征氢〔N（CH_3）$_2$〕的化学位移[40]。说明在上述反应条件下，反应过程中产生了 N'-十二烷基-N，N-二甲基乙脒（C_{12}-DMAA）和 N-十二烷基乙亚氨酸甲酯（C_{12}-OMAI）。谱图中，除—N（CH_3）和—OCH_3特征基团外，长链烷基上氢原子化学环境相似，从而导致化学位移值重合。

根据原子守恒原理，Scoggins Procedure 反应生成 C_{12}-OMAI 时会伴随二甲胺和甲醇的产生，生成 C_{12}-DMAA 时会伴随甲醇的产生。即在 Scoggins Procedure 反应中将会涉及 6 种组分，它们分别是 NNDADA（C_1）、PA（C_2）、DMAA（C_3）、OMAI（C_4）、甲醇（C_5）与二甲胺（C_6）。

根据反应组分，可得到如下原子系数矩阵：

$$
\begin{array}{c}
\quad\quad C_1 \quad C_2 \quad C_3 \quad C_4 \quad C_5 \quad C_6 \\
\begin{array}{c} C \\ H \\ O \\ N \end{array}
\begin{bmatrix}
6 & 12 & 16 & 15 & 1 & 2 \\
15 & 27 & 34 & 31 & 4 & 7 \\
2 & 0 & 0 & 1 & 1 & 0 \\
1 & 2 & 2 & 1 & 0 & 1
\end{bmatrix}
\end{array}
$$

该系数矩阵的秩序为 4，因此，Scoggins Procedure 反应体系的独立反应个数 6-4=2。

通过对比添加不同有机溶剂状况下的反应产物组成，可初步确定可能的反应路径。停止反应后，取少量产物薄层点板，以是否存在伯胺点，判断伯胺是否完全转化。同时，对反应产物进行 ¹H NMR 检测，确定反应产物组成。根据—N（CH_3）和—（OCH_3）特征峰面积进行积分计算，得出不同反应条件混合物中 DMAA 和 OMAI 的选择性。式（3.1）为烷基脒的选择性 S_{DMAA} 的计算式。

$$ S_{DMAA} = \frac{A_{DMAA}}{A_{DMAA} + 2A_{OMAI}} \quad\quad\quad (3.1) $$

式中　A_{DMAA}——二甲基乙脒（DMAA）的峰面积；

　　　A_{OMAI}——亚氨酯（OMAI）的峰面积。

表 3.1 为不同反应条件下反应产物的检测结果。NNDADA 与十二胺反应在不添加任何其他试剂的条件下，60℃反应 15min 的产物以长链烷基脒为主，约有 10% 的十二胺与 NNDADA 反应转化为亚氨酯。为确定反应过程中产生的二甲胺的作用，考察了添加二甲胺后反应的结果。考虑二甲胺是一种挥发性较强的化合物，为保证其能参与反应，故采取了降低反应温度(25℃)、延长反应时间至 18h 的措施，以确保十二胺完全转化。结果显示，二甲胺的加入可以在一定程度上抑制亚氨酯的生成，从而提高了脒的选择性(97.7%)。因此，当缩醛与伯胺首先生成亚氨酯时，有可能在最终的反应产物中检测出大量的二甲基乙脒。因此，Case1 可能是该反应的路径之一(图 3.12)。

考虑到甲醇亦为 Scoggins Procedure 反应中的一种重要产物，在更高的温度条件下(68℃)在反应物中添加了甲醇，考察其影响以明确作用机制，确定反应历程。从最终的反应产物分析结果分析，甲醇的加入更有利于亚氨酯的生成(选择性大于 70%)，但并不影响十二胺的完全转化。这一结果说明，若反应按 Case 1 路径进行，生成亚氨酯为不可逆反应，生成脒反应(2)为可逆反应，较高浓度甲醇的存在抑制了脒的生成。但也存在促进反应进行可能性，即该反应的历程亦可按 Case 2 路径进行，且反应(1)为不可逆过程，反应(2)为可逆过程，二甲胺和甲醇的加入促使平衡移动。

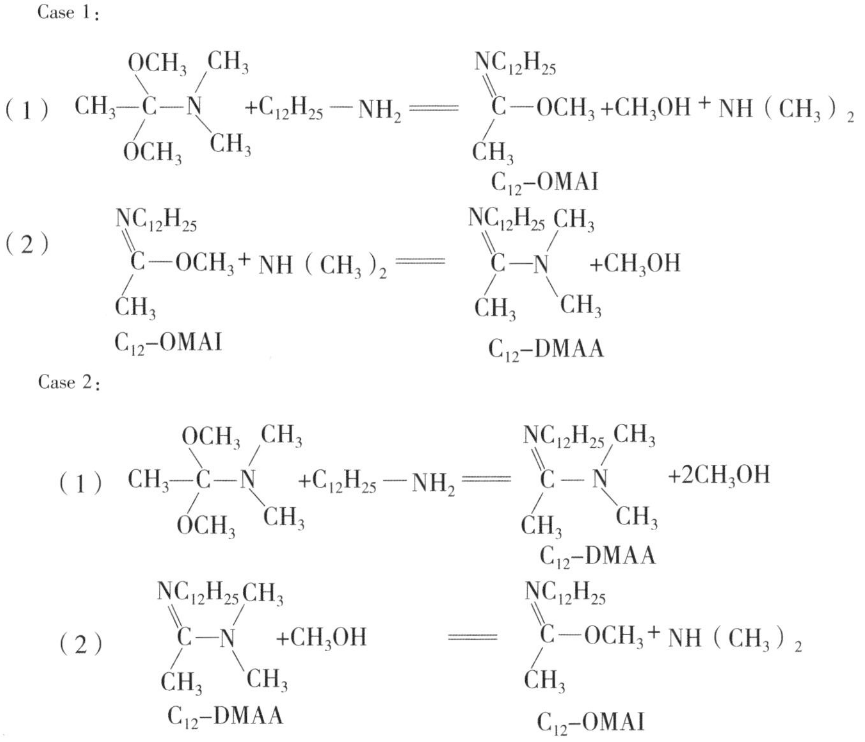

Case 1：

$$（1）\quad CH_3-\underset{OCH_3}{\overset{OCH_3}{C}}-\underset{CH_3}{\overset{CH_3}{N}} +C_{12}H_{25}-NH_2 == \underset{CH_3}{\overset{NC_{12}H_{25}}{C}}-OCH_3 +CH_3OH + NH（CH_3）_2$$

$$C_{12}\text{-OMAI}$$

$$（2）\quad \underset{\underset{C_{12}\text{-OMAI}}{CH_3}}{\overset{NC_{12}H_{25}}{C}}-OCH_3 + NH（CH_3）_2 == \underset{\underset{C_{12}\text{-DMAA}}{CH_3}}{\overset{NC_{12}H_{25}}{C}}-\underset{CH_3}{N} +CH_3OH$$

Case 2：

$$（1）\quad CH_3-\underset{OCH_3}{\overset{OCH_3}{C}}-\underset{CH_3}{\overset{CH_3}{N}} +C_{12}H_{25}-NH_2 == \underset{\underset{C_{12}\text{-DMAA}}{CH_3}}{\overset{NC_{12}H_{25}}{C}}-\underset{CH_3}{N} +2CH_3OH$$

$$（2）\quad \underset{\underset{C_{12}\text{-DMAA}}{CH_3}}{\overset{NC_{12}H_{25}}{C}}-\underset{CH_3}{N} +CH_3OH == \underset{\underset{C_{12}\text{-OMAI}}{CH_3}}{\overset{NC_{12}H_{25}}{C}}-OCH_3 + NH（CH_3）_2$$

图 3.12　N，N-二甲基乙酰胺二甲基缩醛和十二胺发生的酰胺缩醛反应可能的两种反应路径

表 3.1　酰胺缩醛反应的产品分布

序号	添加物	反应温度及反应时间	选择性（%）	
			C$_{12}$-DMAA	C$_{12}$-OMAI
1	无	60℃，15min	91.6	8.4
2	NH（CH$_3$）$_2$	25℃，18h	97.7	2.3
3	CH$_3$OH	68℃，2h	28.3	71.7

为了进一步确定 Scoggins Procedure 反应的历程，对 Scoggins Procedure 反应中 C$_{12}$-DMAA 和 C$_{12}$-OMAI 选择性随反应时间的变化进行了考察，结果如图 3.13 所示。结果显示，C$_{12}$-DMAA 的选择性先增加后减小，反应在很短时间内达到了峰值，之后缓慢降低，当反应达到 120min 时，C$_{12}$-DMAA 的选择性基本保持不变。而 C$_{12}$-OMAI 的选择性从反应开始缓慢上升，在 120min 时达到了平衡值后不再变化。进而可以判断，Scoggins Procedure 反应为连串反应，反应首先快速生成 C$_{12}$-DMAA，然后 C$_{12}$-DMAA 与甲醇继续反应生成 C$_{12}$-OMAI。

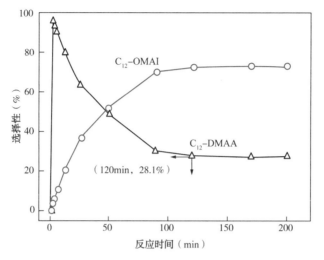

图 3.13　酰胺缩醛反应中 C_{12}-DMAA 和 C_{12}-OMAI 的选择性随反应时间的分布

（反应温度 68℃，NDADA：PA = 0.012mol：0.01mol，40mL 甲醇）

采用 C_{12}-DMAA 直接与甲醇反应，检测混合物中产品 C_{12}-DMAA 和 C_{12}-OMAI 的变化，产物的无量纲浓度随反应时间的变化曲线如图 3.14 所示。结果显示，C_{12}-DMAA 和 C_{12}-OMAI 的无量纲浓度呈现相反的变化，C_{12}-DMAA 的浓度随着反应时间逐渐降低，在 90min 时降到最低，而 C_{12}-OMAI 的浓度上升最高，这一结果进一步证明了 C_{12}-DMAA 与甲醇反应生成 C_{12}-OMAI。与图 3.13 比较，两种产品的最终含量分布却没有变化，说明该反应受到热力学平衡限制。因此，可认为甲醇存在下的 Scoggins Procedure 反应按 Case 2 路径进行。C_{12}-DMAA 过程反应较快，随着反应物转化其浓度快速达到峰值，与此同时，C_{12}-DMAA 与甲醇进一步反应生成 C_{12}-OMAI，这一步反应缓慢，是反应过程的控制步骤。延长反应时间，增加体系中甲醇含量将降低 DMAA 的选择性。

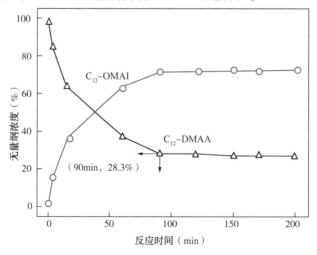

图 3.14　C_{12}-DMAA 与甲醇反应过程的无量纲浓度变化

（反应温度 68℃，0.01mol C_{12}-DMAA，40mL 甲醇）

3.4.2 酰胺缩醛反应合成二甲基乙脒的影响因素

3.4.2.1 原料比

在反应温度60℃、反应时间15min的条件下，考察了NNDADA与C₁₂-PA的投料比对反应的影响。实验结果见表3.2。NNDADA与C₁₂-PA按化学式计量比1:1(1.47g:1.88g)投料时，DMAA的选择性为88.6%，当采用NNDADA略微过量的投料比，如物质的量比大于1.2:1(1.72g:1.90g)时，长链烷基脒的选择性也有所增加，稍过量的NNDADA更有利于反应向生成C₁₂-DMAA的方向进行。采取按化学式计量比投料方式，体系中甲醇含量较NNDADA过量的投入方式更高，有利于烷基脒进一步转化为亚氨酯，从而降低了脒的选择性；而继续增大投料比，体系中甲醇的含量虽会降低，但下降的幅度减小，对生成亚氨酯反应的抑制作用不明显，脒的选择性达到93%左右。因此，采取NNDADA略微过量的方式，可在一定程度上提高烷基脒的选择性，而且反应产物中残留少量的未反应的缩醛，在产物提纯时也比较容易被除去。因此，原料NNDADA和C₁₂-PA的比值为0.012mol:0.01mol较为合适。

表3.2 不同原料比下产品的选择性

序号	NNDADA（g）	C₁₂-PA（g）	选择性（%）	
			C₁₂-OMAI	C₁₂-DMAA
1	1.47	1.88	11.4	88.6
2	1.73	1.90	6.8	93.2
3	2.20	1.89	7.4	92.6

反应条件：反应温度60℃，反应时间15min。

3.4.2.2 反应温度

Scoggins Procedure反应中，烷基脒的选择性受到反应温度和甲醇含量的影响。NNDADA与伯胺反应为快反应，因此亚氨酯的生成速率对温度变化更为敏感，提高反应温度在促进烷基脒进一步转化的同时，也会由于甲醇的更多挥发，降低了亚氨酯生成反应的有效反应物浓度。为确定反应温度的影响，在相同的原料比下，考察了60~76℃范围内反应温度对反应的影响。结果见表3.3。在考察的温度范围内，68℃下C₁₂-DMAA的选择性达到97.7%，但继续提高反应温度至76℃，C₁₂-DMAA的选择性反而有所下降。因此，投料比为1.2:1时，反应温度为68℃较为适宜。

表3.3 反应温度对反应结果的影响

序号	反应温度（℃）	选择性（%）	
		C₁₂-OMAI	C₁₂-DMAA
1	60	6.8	93.2
2	68	2.3	97.7
3	76	5.4	94.6

反应条件：投料比(物质的量比)NNDADA:C₁₂-PA=1.2:1，反应时间15min。

3.4.2.3 反应时间

Scoggins Procedure 反应系连串反应，目标产物烷基乙脒是中间产物，选择适宜的反应时间，可获得最大中间产物浓度。为此，保持投料比(物质的量比)为 1.2∶1，反应温度 68℃，考察了不同反应时间对反应的影响。结果见表 3.4。反应时间大于 10min，长链烷基胺可完全转化，反应 10min 最优，此时 C$_{12}$-DMAA 的选择性达到最大。

表 3.4 不同反应时间下产品的选择性

序号	反应时间（min）	选择性（%）	
		C$_{12}$-OMAI	C$_{12}$-DMAA
1	10	1.1	98.9
2	15	2.3	97.7
3	30	4.2	95.8

反应条件：投料比(物质的量比)NNDADA∶C$_{12}$-PA=1.2∶1，反应温度 68℃。

3.4.3 N′-长链烷基-N, N-二甲基乙脒的合成

采用合成条件合成了具有不同烷基链段长度的烷基脒(C$_{12}$-DMAA、C$_{14}$-DMAA、C$_{16}$-DMAA、C$_{18}$-DMAA)系列产品，产物均为淡棕黄色液体(图 3.15)。

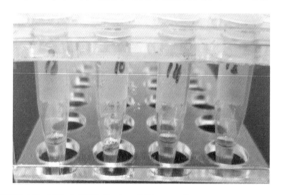

图 3.15 DMAA 产品图 (从右往左依次为 C$_{12}$-DMAA、C$_{14}$-DMAA、C$_{16}$-DMAA 和 C$_{18}$-DMAA)

采用^{1}H NMR、^{13}C NMR、红外、高分辨率质谱等进行结构确证。其中，C$_{14}$-DMAA 的谱图结果如图 3.16 至图 3.19 所示。由于 C$_{14}$-DMAA 分子结构中含有氮原子，故质谱测量中采用正离子源，图 3.16 中 MS = 283.3120 为 C$_{14}$-DMAA 的测量分子量，与计算值 283.3108 接近。图 3.17 中 1.26~1.48 处峰为长链烷基上亚甲基的峰，化学环境相似，连在一起；2.87 处的峰为单键氮原子上连接的甲基峰，受单键氮原子极性影响，化学位移值相对较大；而 3.17 处的峰为双键氮原子连接的亚甲基上的氢，受双键共轭作用和氮原子极性作用双重影响，化学位移值大。图 3.19 中波数为 1626.20cm^{-1} 处的红外吸收峰为脒基官能团的伸缩振动，721.41cm^{-1} 和 1344.36cm^{-1} 处分别为饱和长链烷基亚甲基 C—H 的弯曲振动和伸缩振动，2850.97cm^{-1} 处为甲基上 C—H 对称弯曲振动。

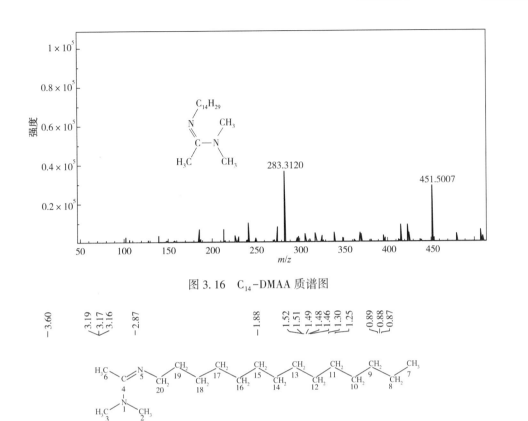

图 3.16　C₁₄-DMAA 质谱图

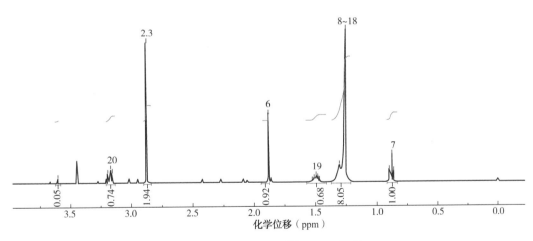

图 3.17　C₁₄-DMAA 的 ¹H NMR 谱图

优化后的合成条件下产物分析结果见表 3.5。反应结束后经薄层点板显示无原料胺点，同时核磁共振氢谱中也无伯胺特征峰，证明反应混合物中伯胺反应完全。NNDADA 是由酰胺活化所得，反应位点活泼，具有较强的亲电性，C_{12}-PA、C_{14}-PA、C_{16}-PA 和 C_{18}-PA 中氮原子孤对电子的存在使伯胺具有较强的亲核能力，进攻亲电底物 NNDADA，从而快速发生亲核反应，生成 DMAA[26]。C_{12}-DMAA、C_{14}-DMAA、C_{16}-DMAA 和 C_{18}-DMAA 产品选择性均达到 95% 以上。

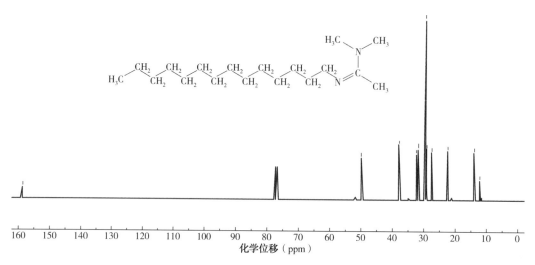

图 3.18 C₁₄-DMAA 的 ¹³C NMR

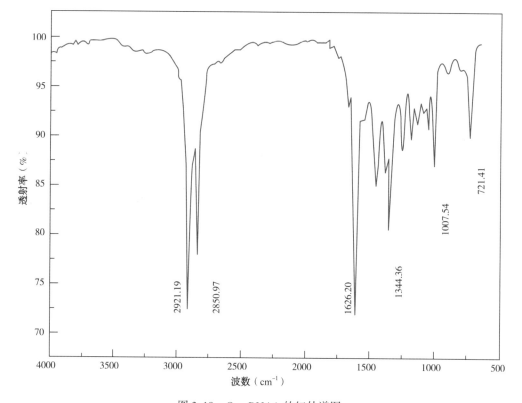

图 3.19 C₁₄-DMAA 的红外谱图

表 3.5　DMAA 选择性分析结果

序号	NNDADA(g)	PA(g)	选择性（%）	
			DMAA	OMAI
1	1.72	1.89（C$_{12}$-PA）	98.9	1.1
2	1.71	2.22（C$_{14}$-PA）	96.1	3.9
3	1.72	2.56（C$_{16}$-PA）	95.8	4.2
4	1.74	2.87（C$_{18}$-PA）	95.0	5.0

反应条件：投料比(物质的量比)NNDADA：PA=1.2：1，反应温度68℃，反应时间10min。

核磁共振谱图显示混合产品均含有微量副产品 OMAI，且反应中 OMAI 的选择性随着原料伯胺链长增加，可能与伯胺的亲核性能有关。

3.4.4　N′-长链烷基-N, N-二甲基乙脒的应用性能

3.4.4.1　CO$_2$/N$_2$开关性能

在含有一定量长链烷基脒的水溶液中，交替通入一段时间的 CO$_2$ 和 N$_2$，通过溶液的电导率变化，反映溶液体系中性脒和阳离子盐之间的转化，证明脒类化合物具有 CO$_2$/N$_2$开关性能。中性脒充分转化为碳酸氢盐需要过量的水，但在水溶液反应成盐的同时会产生大量的泡沫，影响测量结果，实验采用了二甲基亚砜和水作为混合溶剂抑制泡沫溢出装置。为保证数据的有效性，实验首先测定了空白对照组在交替通入 CO$_2$ 和 N$_2$ 后电导率的变化情况。

（1）空白对照组：取 45mL 二甲基亚砜溶液，加入 5mL 去离子水，混合均匀，依次循环通入 CO$_2$ 和 N$_2$，测量电导率变化，做空白对照。

（2）取 45mL 二甲基亚砜溶液，加入 5mL 去离子水，混合均匀；在上述混合溶剂中，加入一定量脒类产物，配制质量分数为 0.3% 的溶液(按总质量计算)。

（3）在油浴锅内将上述溶液预热至指定温度。

（4）连接电导率仪，设置自动记录数据(10s/次)，先打开 CO$_2$ 气体阀门，气流量为 400mL/min，通入 CO$_2$，直至溶液电导率数值恒定。

（5）打开 N$_2$ 阀门，气流量为 800mL/min，通入 N$_2$ 直到电导率不再变化，依次做三个循环，输出数据。

空白实验结果显示，通入 CO$_2$/N$_2$ 后电导率在 1～5μS/cm 之间变化，说明酸性气体 CO$_2$ 在水中溶解引起的电导率变化的影响可以忽略。同一温度下，在质量分数相同的溶液中，C$_{12}$-DMAA、C$_{14}$-DMAA、C$_{16}$-DMAA 和 C$_{18}$-DMAA 溶液电导率随 CO$_2$ 及 N$_2$ 的通入时间变化情况如图 3.20 所示。

由图 3.20 可以看出，在 30～80℃ 范围内，N′-长链烷基(C$_{12}$—C$_{18}$)-N, N-二甲基乙脒均具有良好的 CO$_2$/N$_2$开关性能。即随着 CO$_2$ 的通入时间延长，溶液的电导率迅速上升，约在 20min 内电导率均达到峰值的 90% 以上，说明大部分 DMAA 在通入 CO$_2$ 的状态下易生成相应的碳酸氢盐。随着 N$_2$ 的不断通入，溶液的电导率下降，即溶液的阳离子含量逐步下降，当 N$_2$ 的通入时间足够长时，其碳酸氢盐几乎完全转化为中性脒。实验结果显示，

每次循环所能达到的电导率的最高值和最低值变化很小，说明在质子化和去质子化过程，四种烷基脒并没有因为多次使用而失效，成盐和还原成脒的能力保持不变，即具备很好的循环应用性。

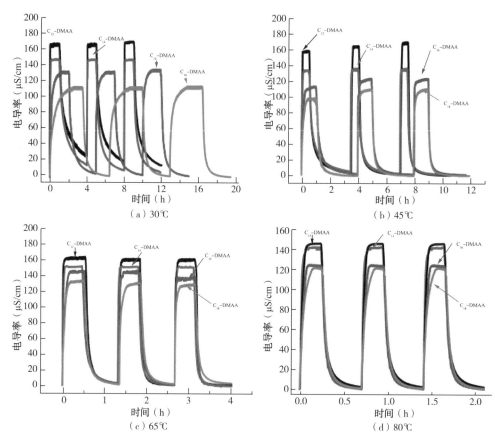

图 3.20 C_{12}-DMAA、C_{14}-DMAA、C_{16}-DMAA 和 C_{18}-DMAA 的电导率循环曲线

为了更直观地比较长链烷基脒质子化能力，根据含脒溶液电导率数值达到峰值后不再变化所需时间列表 3.6。由表 3.6 可见，在相同温度条件下，随着疏水烷基链的增长，电导率达到峰值(即烷基脒质子化)所需的时间延长。含有 C_{12}-DMAA 的溶液中，30℃下电导率达到峰值仅需 2.8min，而 C_{18}-DMAA 则需长达 155.8min。对于同一种物质，随着温度的提高，电导率达到峰值的时间缩短，而且疏水烷基链段越长，所需时间随温度的变化越显著，C_{12}-DMAA 在 30℃和 80℃时，电导率达到峰值所需时间仅相差不足 1min，而 C_{18}-DMAA 在 80℃所需时间较 30℃缩短近 150min。由于长链烷基脒只有在转化为相应的碳酸氢盐后才具有表面活性，这一现象的产生实际上在一定程度上也反映了在含水溶液中脒与 CO_2 的反应性能，温度提高反应速率提高。数据结果说明，疏水烷基链段较长的脒，在利用 CO_2 使其产生表面活性时，应采取较高温度。因此，为充分发挥长链烷基脒的表面活性，当环境温度较低时可以考虑采用疏水烷基链段较短脒；当环境温度较高时，则可选用疏水烷基链段较长的脒。

表 3.6 C$_{12}$-DMAA、C$_{14}$-DMAA、C$_{16}$-DMAA 和 C$_{18}$-DMAA 的质子化过程比较

温度（℃）	电导率达到峰值所需时间（min）			
	C$_{12}$-DMAA	C$_{14}$-DMAA	C$_{16}$-DMAA	C$_{18}$-DMAA
30	2.8	4.9	70.7	155.8
45	2.5	4.7	24.2	26.3
65	2.3	4.2	9.5	10.7
80	2.0	4.0	5.3	8.7

考虑到不同长链烷基胺的碳酸氢盐溶液的电导率存在差异，为更加直观地对比不同化合物的 CO_2/N_2 开关响应速率变化规律，将 C$_{12}$-DMAA、C$_{14}$-DMAA、C$_{16}$-DMAA 和 C$_{18}$-DMAA 的电导率数据进行无量纲化处理，即将不同时刻电导率数值除以对应的电导率峰值，得到无量纲的电导率数据，处理结果如图 3.21 所示，该数据可以用作不同化合物表面活性开关速率的比较。

由图 3.21 可见，在考察的温度范围内，电导率随 N_2 的通入时间变化可以划分成两个阶段，当电导率达到峰值后，随即通入 N_2，电导率下降与 N_2 通入量基本呈线性变化，而当溶液的电导率下降至 30μS/cm 左右时，需要长时间通入 N_2 方能将溶液的电导率降至起始状态。相比电导率随 CO_2 的通入使胺产生表面活性的过程，利用 N_2 使表面活性丧失更为困难。对于同一种长链烷基胺，提高温度有利于加快去质子化过程。

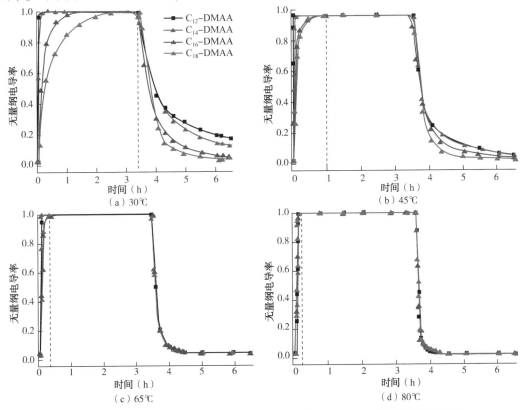

图 3.21 C$_{12}$-DMAA、C$_{14}$-DMAA、C$_{16}$-DMAA 和 C$_{18}$-DMAA 无量纲电导率曲线

由图3.22看出，在较低温度条件下，疏水烷基链段较短的脒，其质子化过程速率基本恒定；疏水烷基链段较长的脒，质子化速度随 CO_2 的通入时间延长逐步下降。与之相反，疏水烷基链段较长的脒在通入 N_2 后，其表面活性下降的速率较快。在较高温度条件下，质子化与去质子化速率均较高，疏水烷基链段的长短对质子化与去质子化速率的影响不明显。

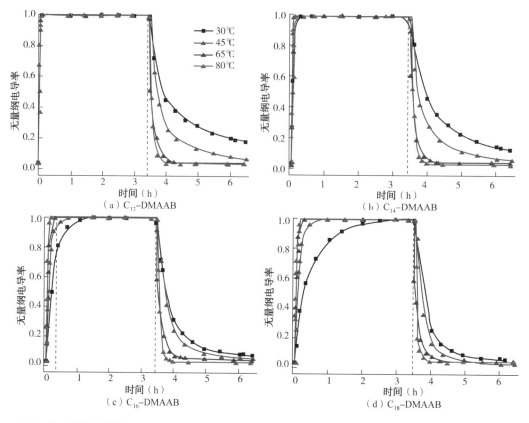

图 3.22　不同温度下 C_{12}-DMAAB、C_{14}-DMAAB、C_{16}-DMAAB 和 C_{18}-DMAAB 无量纲电导率曲线

30℃和45℃下，C_{12}-DMAAB、C_{14}-DMAAB、C_{16}-DMAAB 和 C_{18}-DMAAB 的去质子化过程进展缓慢(表3.7)，需要3h 接近初始电导率数值；若将温度提高至65℃和80℃后仅需50min 就可回到初始电导率数值。同一 DMAAB 电导率变化数值显示，C_{12}-DMAAB 去质子化无量纲电导率由16.7%(30℃)下降到2.5%(80℃)，C_{14}-DMAAB 的无量纲电导率由12.2%(30℃)下降到2.4%(80℃)，变化明显；而 C_{16}-DMAAB 和 C_{18}-DMAAB 的电导率数值仅在2%以内变动。随着烷基链增长，其形成盐类物质的去质子化能力较强，去质子化速率大小顺序为 C_{18}-DMAAB > C_{16}-DMAAB > C_{14}-DMAAB > C_{12}-DMAAB，然而随着温度升高，四种 DMAAB 的去质子化速率几乎达到一致。由于长链烷基碳酸氢盐只有在转化为相应的中性脒类物质后才失去表面活性，具有破乳作用[41]，这一现象的产生实际上在一定程度上也反映了在含水溶液中长链烷基碳酸氢盐与 N_2 的反应性能，温度提高反应速率提高。数据结果说明，疏水烷基链段较短的脒基碳酸氢盐，在利用 N_2 使其失去表面活性时，应采取较高温度。因此，应充分发挥长链烷基脒基碳酸氢盐的破乳作用，当环境温度较低时可以考虑采用疏水烷基链段较长脒；当环境温度较高时，则可选用疏水烷基链段较短的脒。

表 3.7 C$_{12}$–DMAAB、C$_{14}$–DMAAB、C$_{16}$–DMAAB 和 C$_{18}$–DMAAB 去质子化过程比较

温度/时间	相同时间内电导率降低的程度（%）			
	C$_{12}$–DMAAB	C$_{14}$–DMAAB	C$_{16}$–DMAAB	C$_{18}$–DMAAB
30℃/3h	16.7	12.2	5.1	4.4
45℃/3h	5.0	4.9	3.6	2.8
65℃/50min	3.9	3.7	3.4	3.2
80℃/30min	2.5	2.4	2.0	1.9

注：表中数值为停止通入 N$_2$ 后无量纲电导率数值，横向表示在同一温度下 C$_{12}$–DMAAB、C$_{14}$–DMAAB、C$_{16}$–DMAAB 和 C$_{18}$–DMAAB 的去质子化过程比较，纵向表示不同温度下同一 DMAAB 的去质子化过程比较。

以上结果符合可逆反应特性，同一可逆反应同等条件下，正反应进程快的反应，其逆反应进行较慢。在温度较低时，C$_{12}$–DMAAB、C$_{14}$–DMAAB、C$_{16}$–DMAAB 和 C$_{18}$–DMAAB 的去质子化进程随着烷基链的增长加快，可能与脒基碳酸氢盐的稳定性有关，疏水尾基较长的脒类碳酸氢盐更加不稳定，易失去 CO$_2$ 被还原成中性脒。当温度高时，C$_{12}$–DMAAB、C$_{14}$–DMAAB、C$_{16}$–DMAAB 和 C$_{18}$–DMAAB 的去质子化进程趋于一致，高温对于 C$_{16}$–DMAA 和 C$_{18}$–DMAA 的质子化进程影响明显，对 C$_{12}$–DMAA 和 C$_{14}$–DMAA 的质子化影响不大。此过程与物质的溶解度有关，温度较高时，中性脒的活性受链长影响较小，在高温时（大于 65℃）溶解度趋于一致，而在低温（30～45℃）时，烷基脒链长越短，溶解性越好，在二甲基亚砜溶液中更易和 CO$_2$ 接触，质子化成盐。

3.4.4.2 表面张力

N'-长链烷基-N，N-二甲基乙脒属中性物质，在其水溶液中通入 CO$_2$ 后形成相应的碳酸氢盐后，具有表面活性。将长链烷基脒配制成不同浓度的溶液，长时间通入 CO$_2$，待其完全转化为盐溶液后，测定不同浓度下盐溶液表面张力（γ）；将测定结果绘制成 γ—lg$C$ 曲线，分别确定其临界胶束浓度（CMC 值）和最低表面张力（γ_{CMC}）。对于难以溶解的 C$_{16}$–DMAA 和 C$_{18}$–DMAA 采取加热方式使其快速溶解；迅速依次按比例稀释，再静置于 30℃ 水浴中。将 C$_{12}$–DMAAB、C$_{14}$–DMAAB、C$_{16}$–DMAAB 和 C$_{18}$–DMAAB 的表面张力随溶液浓度变化作图，如图 3.23 所示。由图 3.23 可见，随着 C$_{12}$–DMAAB、C$_{14}$–DMAAB、C$_{16}$–DMAAB 和 C$_{18}$–DMAAB 表面活性剂浓度的增加，溶液的表面张力逐渐降低，在达到临界胶束浓度后，溶液的表面张力不再变化。其中，C$_{18}$–DMAAB 溶液的最低表面张力值为 24.32mN/m，C$_{12}$–DMAAB 溶液的最低表面张力值为 34.52mN/m。增加疏水烷基链段的长度有利于进一步提高 DMAAB 表面活性剂的表面能力，降低界面张力。

由表 3.8 可见，随着碳链长度的增加，DMAAB 的 γ_{CMC} 和 CMC 值都逐渐降低，进一步证明表面活性剂降低表面张力的一般规律，即对于同种类型表面活性剂，随着疏水尾基链中碳原子数目的增加，表面活性剂降低表面张力的效率随之增加[42]。随着疏水链的增长，表面活性剂的亲水性下降，更倾向于在水表面聚集或在水中形成胶束，因此形成胶束所需的最低浓度逐渐减小。表面活性剂的疏水尾基排列在液面，紧密吸附在水层使水的表面性质接近液体，从而减小了分子间作用力，溶液的表面张力也就随之降低，即 γ_{CMC} 随着碳链长度的增加而降低。

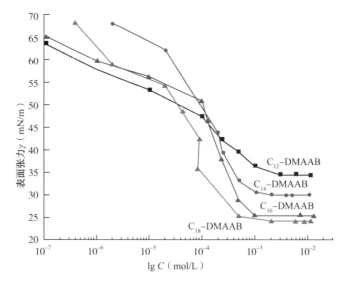

图 3.23 C_{12}-DMAAB、C_{14}-DMAAB、C_{16}-DMAAB 和 C_{18}-DMAAB 的 γ—lgC 曲线

表 3.8 C_{12}-DMAAB、C_{14}-DMAAB、C_{16}-DMAAB 和 C_{18}-DMAAB 的 CMC 值和 γ_{CMC} 值

参数	C_{12}-DMAAB	C_{14}-DMAAB	C_{16}-DMAAB	C_{18}-DMAAB
CMC(mmol/L)	3.25	2.31	1.32	0.72
γ_{CMC}(mN/m)	34.52	29.99	25.56	24.32

3.4.4.3 乳液类型和颗粒测定

乳液类型和颗粒尺寸测定方法步骤如下：

（1）配制质量分数为 0.1% 的 DMAA 溶液(2mL 去离子水和 2mL 十二烷)。

（2）30℃ 下向上述混合溶液中通入 CO_2 气体 20min，CO_2 气体流量为 400mL/min。

（3）乳液制备完毕后，用移液枪吸取少量乳液滴入十二烷中，观察乳液状态，若乳液呈小球状，则为 O/W 型；若乳液溶解在十二烷中，则为 W/O 型。

（4）将制备乳液用均匀力度上下摇晃 50 下，用显微镜(放大 1000 倍)观测 DMAA 制备乳液颗粒大小，拍照记录。

C_{12}-DMAAB、C_{14}-DMAAB、C_{16}-DMAAB 和 C_{18}-DMAAB 制备的乳液滴入十二烷中，乳液团聚成小球(图 3.24)，表明乳液连续相为水，分散相为油，即该乳液类型为水包油型(O/W)。

采用显微镜(放大 1000 倍)观察乳液的微观结构，如图 3.25 所示。C_{12}-DMAAB、C_{14}-DMAAB、C_{16}-DMAAB 和 C_{18}-DMAAB 制备乳液的乳化状态和乳液颗粒。观察 DMAAB 制备的乳液在显微镜下的颗粒微观结构，随着 DMAAB 疏水尾基链长的增长，乳液颗粒的粒径不断变小，颗粒尺寸变得更加均匀，这表明乳液的稳定性得以提高[43]。而 C_{12}-DMAAB 制备乳液体系在显微镜下颗粒大小不均，粒径比 C_{14}-DMAAB、C_{16}-DMAAB 和 C_{18}-DMAAB 乳液体系大得多，极易形成不稳定的乳液。表面活性剂能够显著降低油水之间的界面张力是乳液稳定的重要原因，表面活性剂在油水界面形成的膜排列越紧密，油水界面张力就会降低越多，油水两相的性质趋于一致，形成的乳液也就越稳定[44]。这与常温条件下表面张力测量数据 C_{12}-DMAAB < C_{14}-DMAAB < C_{16}-DMAAB < C_{18}-DMAAB 结果一致。

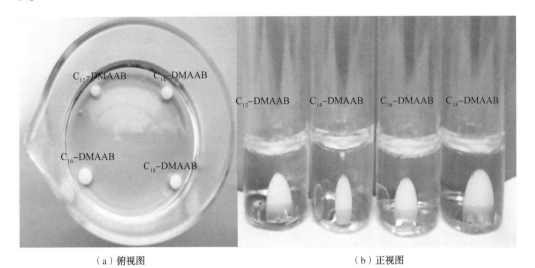

（a）俯视图　　　　　　　　　　　　　（b）正视图

图 3.24　制备乳液的类型

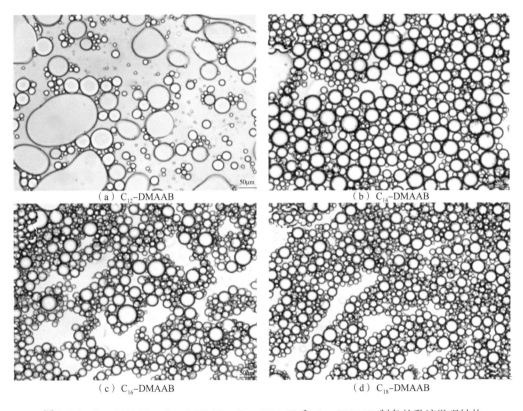

（a）C_{12}-DMAAB　　　　　　　　（b）C_{14}-DMAAB

（c）C_{16}-DMAAB　　　　　　　　（d）C_{18}-DMAAB

图 3.25　C_{12}-DMAAB、C_{14}-DMAAB、C_{16}-DMAAB 和 C_{18}-DMAAB 制备的乳液微观结构

3.4.4.4 含胩油水体系乳化及破乳的温度响应行为

温度是影响乳液稳定性的重要因素之一。对于通过由 CO_2/N_2 触发的长链烷基胩及其碳酸氢盐的切换实现油水体系乳化和破乳的过程，温度的影响更为复杂。温度不仅影响长链烷基胩在溶液中的溶解状态，影响长链烷基胩及其碳酸氢盐的转化速率，也可能对烷基胩及其碳酸氢盐与水溶液形成的氢键的稳定性产生影响。目前，文献中对于以长链烷基胩的碳酸氢盐为表面活性剂形成的乳液的稳定性的考察仅限于常温，尽管指出了高温有利于 N_2 使乳液破乳，但并未就温度的影响进行考察。鉴于此类表面活性剂在油田应用时，油田采出液在采出前后存在较大温度变化，且部分油田原油凝点较高，因此确定表面活性剂在乳化和破乳过程中的温度响应行为有重要意义。

（1）温度对乳液形成及其稳定性的影响。

为了评价 N'-烷基-N，N-二甲基乙胩在油（十六烷）水体系中的乳化性能，在不同温度（25℃、45℃、65℃）下，通入 CO_2 对含有各种不同乙胩的油水混合物（油/水 = 16mL／12mL，乙胩质量分数 0.1%）进行乳化，然后采用静置法，通过观察油、水和乳液分布情况研究温度对乳液稳定性的影响规律。静置法是通过观察乳液分层状况，计算不同时间段内乳液相态随时间的变化，从而考察乳液稳定性。

乳液稳定性测定方法如下：

① 配制含有质量分数为 0.1% 的 C_{12}-DMAA、C_{14}-DMAA、C_{16}-DMAA 或 C_{18}-DMAA 的十六烷-水体系 28mL（十六烷 16mL，水 12mL）；

② 通入 CO_2 20min 形成乳液后，将乳液移到乳液刻度管中，封口置于 25℃恒温环境，每隔一段时间用照相机拍下乳液形成后不同时刻的乳液状态，获得不同时刻出水量和出油量。

在较低温度（25℃）下，将二氧化碳鼓入油水与 N'-烷基-N，N-二甲基乙胩的混合物中，可形成稳定的乳液，如图 3.26 所示。CO_2 鼓泡后，水溶液中溶解的 CO_2 与乙胩反应生成具有表面活性的乙胩碳酸氢盐，促使油水两相乳化。其中，较短的疏水基（R = $C_{12}H_{25}$、$C_{14}H_{29}$、$C_{16}H_{33}$）导致油水混合物比疏水基较长的乙胩（R = $C_{18}H_{37}$）更容易乳化，而且温度的升高（45℃和65℃）对疏水基团较短的表面活性剂（如 C_{12}-DMAAB、C_{14}-DMAAB 和 C_{16}-DMAAB）所形成的乳液稳定性影响较小，这可归因于在 CO_2 鼓泡过程中所形成的乙胩碳酸氢盐的显著稳定性。对于含有 C_{18}-DMAAB 表面活性剂的油水混合物，在较低温度下（25℃）乳化能力不强，但在较高温度下乳化能力增强。这可能是由于在低温下（25℃），疏水基较长的乙胩在水中的溶解度较低，阻碍了乙胩碳酸氢盐表面活性剂的形成。然而，较高的温度增加了长碳链烷基乙胩的溶解度，从而促进了乙胩碳酸氢盐的形成和油水混合物的乳化。

当含乙胩碳酸氢盐的乳液在 65℃下静置时间延长至 420min 后，如图 3.27 所示，分别出现油相、乳液和水相三种相态，表明油水乳液部分破乳。随着静置时间的延长，管内 CO_2 压力逐渐降低（试管不是完全密封状态），乙胩碳酸氢盐表面活性剂发生分解。文献报道[45]，在 CO_2 气氛中，具有 CO_2 可溶性的表面活性剂十二烷基二甲氨基乙酸酯的浊点压力（低于此压力，表面活性剂转变为不溶状态）随着温度的升高而增加。对于乙胩碳酸氢盐

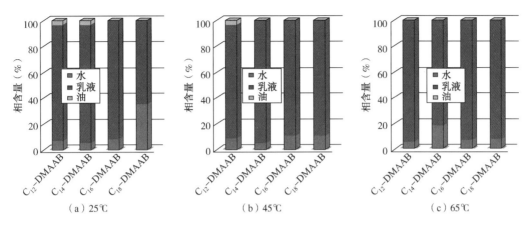

（a）25℃　　　　　　　（b）45℃　　　　　　　（c）65℃

图 3.26　温度对含有不同乙脒碳酸氢盐的油水乳液（CO₂鼓泡 60min 后）的影响

表面活性剂，基于热动力学平衡的原因，在较高温度条件下，较高的 CO_2 压力有助于进一步提高碳酸氢盐稳定性。此外，疏水基较长的乙脒碳酸氢盐形成的乳液比疏水基较短的表面活性剂形成的乳液具有更好的化学稳定性。结果表明，在一定条件下，由于乙脒碳酸氢盐分解，导致这些表面活性剂的浓度不足以使油相发生完全乳化。因此，具有较长疏水基团的乙脒碳酸氢盐因其较低的表面张力有利于乳液的稳定存在。

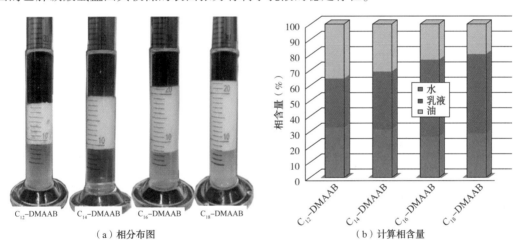

（a）相分布图　　　　　　　　　　　　　（b）计算相含量

图 3.27　不同类型的乙脒碳酸氢盐的油水乳液（CO₂鼓泡后，65℃下静置 420min）

（2）温度对乳液破乳行为的影响。

在含有乙脒碳酸氢盐的油水乳液通入 N_2 鼓泡，可以实现油水乳液的破乳。含有乙脒碳酸氢盐的油水乳液的破乳行为测定按如下方式进行：

①　配制含有质量分数为 0.1% 的 C_{12}-DMAA、C_{14}-DMAA、C_{16}-DMAA 或 C_{18}-DMAA 的十六烷—水体系 28mL（十六烷 16mL，水 12mL）；

②　通入 CO_2 20min 形成乳液后，将乳液移到乳液刻度管中；

③　通入 N_2 鼓泡 30min 后，置于 25℃ 恒温环境，每隔一段时间用照相机拍下乳液形成后不同时刻的乳液状态，获得不同时刻的出水量和出油量。

在25℃条件下，含不同乙脒碳酸氢盐的油水乳液经 N_2 鼓泡30min后，其相态分布情况与低温下的 CO_2 鼓泡处理后所形成的乳液状态相比，具有较大的相似性，如图3.28所示。其原因在于，低温下的短时间(30min) N_2 鼓泡对乙脒碳酸氢盐的分解效果影响不明显。由于乳液中的乙脒碳酸氢盐表面活性剂含量足够，因此不会导致破乳。当温度升高到45℃时，由于破乳作用，上部产生大量油相。这主要是由于一些乙脒碳酸氢盐在高温下容易分解成乙脒和 CO_2，导致表面活性丧失。与疏水基团较短的乙脒碳酸氢盐(C_{12}-DMAAB)相比，碳链较长的混合物(C_{14}-DMAAB、 C_{16}-DMAAB 和 C_{18}-DMAAB)表现出更多的油层，这可能是由于它们在较高温度(45℃)下的稳定性较低，容易分解。当温度进一步升高到65℃时，尽管所加入的表面活性剂不同，但是几乎所有的油都从四种乳液中完全分离出来。此外，微量的油进入水相并形成极稀的乳液。从这些稀乳液中彻底回收油相需要足够的静置分离时间(图3.29)。

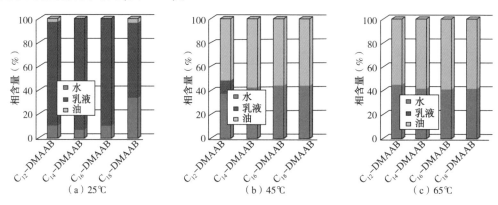

图3.28　温度对含有不同乙脒碳酸氢盐的油水乳液体系(N_2 鼓泡后)的影响

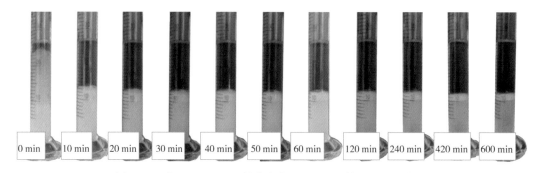

图3.29　含 C_{12}-DMAAB 的乳液在45℃和 N_2 鼓泡后的稳定性

总之，作为一种 CO_2 敏感的活性可控表面活性剂，乙脒碳酸氢盐在油水混合物的乳化和破乳过程中具有温度敏感性。考虑到乙脒碳酸氢盐在高温下具有相似的破乳特性，而在高温油藏中，由于具有较长疏水烷基链段的乙脒碳酸氢盐(C_{18}-DMAAB)的表面张力较低且在破乳过程中更易分解，因此更适合作为 CO_2 敏感开关型表面活性剂用于提高石油采收率。烷基脒碳酸氢盐的这一温度敏感特性有助于其在乳化和破乳中的应用技术开发。

3.5 N'-长链烷基-N，N-二乙基乙脒的合成与应用性能

亚氨酯具有较强的亲核能力，能够与胺类物质反应生成脒类化合物。在适宜的反应条件下利用 Scoggins Procedure 反应合成亚氨酯，可以通过亚氨酯与碱性伯/仲胺发生亚氨酯胺解反应，合成脒类物质，可合成烷基脒头基连接基团为二乙基的 N'-长链烷基 N，N-二乙基乙脒(DEAA)，实现烷基脒头基连接基团的有效调控。

3.5.1 合成方法

3.5.1.1 亚氨酯的合成

合成反应在 50mL 棕色三口烧瓶中进行，添加 NNDADA、PA 和甲醇反应一定时间，待反应结束后，在真空度为 0.1MPa、温度为 55℃ 下旋转蒸发 20min，除去过量的 NNDADA 和甲醇。为了防止光照分解和水分解，整个反应在避光和油浴中进行，比较不同反应温度、反应时间、甲醇加入量对 Scoggins Procedure 反应生成亚氨酯的影响。在优化条件下合成 C_{12}-OMAI、C_{14}-OMAI、C_{16}-OMAI 和 C_{18}-OMAI 混合系列产品，根据式(3.2)计算混合物中亚氨酯的选择性 S_{OMAI}。

$$S_{OMAI} = \frac{2A_{OMAI}}{A_{DMAA} + 2A_{OMAI}} \tag{3.2}$$

式中 A_{DMAA}——烷基脒的峰面积；

A_{OMAI}——亚氨酯的峰面积。

3.5.1.2 亚氨酯的提纯

中性氧化铝为层析剂，乙酸乙酯和二氯甲烷为洗脱剂，调节洗脱剂比例，获得含有 OMAI 的流动相溶液，在 55℃、真空度 0.1MPa 下旋转蒸发 20min 除去过量流动相，得到 C_{12}-OMAI、C_{14}-OMAI、C_{16}-OMAI 和 C_{18}-OMAI 系列纯产品。按式(3.3)计算物质的比移值 R_f。

$$R_f = \frac{L_1}{L_2} \tag{3.3}$$

式中 L_1——基线到产品滞留点的距离；

L_2——基线到展开剂前沿的距离。

3.5.1.3 二乙基乙脒的合成

在棕色三口烧瓶中添加 0.005mol OMAI 和 10mL 二乙胺，同时添加 20mL 三乙胺和 30mL1,4-二氧六环提高反应体系的温度，每隔 5h 补加 5mL 二乙胺，在 85℃ 反应 36h。反应停止后，在 60℃、真空度 0.1MPa 下旋转蒸发 30min 除去挥发性物质。用核磁共振氢谱检验产品纯度，其中 $\delta_H = 3.60$ 代表 OMAI 中甲氧基的特征氢(—OCH₃，单峰)[23]，$\delta_H = 3.31$ 代表 DEAA 中单键氮原子上连接的两个亚甲基上的特征氢[N—(CH₂)₂，四重峰][40]，按式(3.4)计算亚氨酯的转化率 X_{OMAI}。

$$X_{OMAI} = \frac{4A_{OMAI}}{3A_{DEAA} + 4A_{OMAI}} \tag{3.4}$$

式中　A_{DEAA}——二乙基乙胩（DEAA）的峰面积；

　　　A_{OMAI}——亚氨酯（OMAI）的峰面积。

3.5.2　酰胺缩醛反应合成亚氨酯的影响因素

3.5.2.1　反应温度

在以亚氨酯为目标产物的 Scoggins Procedure 中，长链烷基胩与甲醇的取代反应是控制步骤。提高反应温度，使亚氨酯生成胩反应速率提高的同时，也加快了甲醇的挥发。为确保反应体系中能有足量的甲醇参与反应，反应时加入过量的甲醇。反应温度的影响见表3.9。随着温度的升高，Scoggins Procedure 反应趋于生成 C_{12}-OMAI，说明高温更有利于胩与甲醇反应生成亚氨酯；由于体系中甲醇过量存在，常压下反应体系温度最高只能达到68℃，此时 C_{12}-OMAI 的最终选择性约为72%。若需进一步提高反应温度，可考虑采用添加高沸点溶剂或加压等方式。

表3.9　反应温度的影响

序号	反应温度（℃）	选择性（%）	
		C_{12}-DMAA	C_{12}-OMAI
1	58	45.8	54.2
2	64	31.3	68.7
3	68	28.3	71.7

反应条件：投料比（物质的量比）NNDADA：PA = 1.2：1，40mL 甲醇，2h。

3.5.2.2　反应时间

在68℃条件下，不同反应时间反应合成亚氨酯的选择性见表3.10。反应时间超过2h后，C_{12}-OMAI 选择性基本不随反应时间的延长继续增加；缩短反应时间至2h以下，亚氨酯的选择性下降。

表3.10　不同反应时间下产物的选择性

序号	反应时间（h）	选择性（%）	
		C_{12}-DMAA	C_{12}-OMAI
1	0.5	61.8	38.2
2	1	46.8	53.2
3	2	28.3	71.7
4	3	29.0	71.0

反应条件：投料比（物质的量比）NNDADA：PA = 1.2：1，40mL 甲醇，68℃。

3.5.2.3　甲醇用量

在 Scoggins Procedure 反应中，长链烷基胩与甲醇的取代反应为可逆过程，体系中过量的甲醇有利于平衡朝亚氨酯生成方向移动。而过多的甲醇亦会在一定程度上降低胩的浓度，可能导致反应速率下降。在投料比为1.2：1、相同的 NNDADA 加入量和68℃下，甲醇用量对反应的影响见表 3.11。过量的甲醇有利于亚氨酯生成，当甲醇的用量为 40mL、0.012mol（NNDADA）时，亚氨酯选择性达到最大，过大量甲醇的加入降低了亚氨酯的选择性，也将增加后续甲醇脱除的能耗，故甲醇添加量为 20~40mL/0.012mol NNDADA 较为适宜。

表 3.11 不同甲醇用量下产品的选择性

序号	甲醇加入量（mL/0.012mol NNDADA）	选择性（%）	
		C$_{12}$-DMAA	C$_{12}$-OMAI
1	20	31.7	68.3
2	40	28.3	71.7
3	60	29.8	70.2

反应条件：投料比（物质的量比）NNDADA∶PA=1.2∶1，2h，68℃。

3.5.3 N-长链烷基乙亚氨酸甲酯的合成与纯化

3.5.3.1 N-长链烷基乙亚氨酸甲酯合成

在考察 Scoggins Procedure 反应合成 C$_{12}$-OMAI 影响因素的基础上，在投料比 NNDADA∶PA=1.2∶1、反应时间 2h、反应温度 68℃、甲醇用量 40mL 的条件下，合成了 C$_{14}$-OMAI、C$_{16}$-OMAI 和 C$_{18}$-OMAI，各 OMAI 选择性结果见表 3.12，OMAI 的反应选择性均达到了 70% 左右。

表 3.12 C$_{12}$-OMAI、C$_{14}$-OMAI、C$_{16}$-OMAI 和 C$_{18}$-OMAI 合成结果

序号	R-基团	产品	选择性（%）	
			OMAI	DMAA
1	C$_{12}$H$_{25}$	NC$_{12}$H$_{25}$, C—OCH$_3$, CH$_3$	71.7	28.3
2	C$_{14}$H$_{29}$	NC$_{14}$H$_{29}$, C—OCH$_3$, CH$_3$	72.2	27.8
3	C$_{16}$H$_{33}$	NC$_{16}$H$_{33}$, C—OCH$_3$, CH$_3$	70.4	29.6
4	C$_{18}$H$_{37}$	NC$_{18}$H$_{37}$, C—OCH$_3$, CH$_3$	69.1	30.9

反应条件：投料比 NNDADA∶PA=1.2∶1，2h，68℃，40mL 甲醇。

3.5.3.2 N-长链烷基乙亚氨酸甲酯的提纯

为了得到纯净的亚氨酯产品，进而与其他胺类物质反应合成新型烷基脒 CO_2 开关型表面活性剂，将上述混合产品进行纯化。

鉴于 DMAA 和 OMAI 均具有较强的碱性，而硅酸酸性比中性氧化铝（200～300 目）酸性强，导致 DMAA 吸附在硅酸填充的柱子内，淋洗出来的产品少，分离收率低，所以选择中性氧化铝为层析剂[46]。洗脱剂选择乙酸乙酯和二氯甲烷，采用湿法装柱。在直径 4cm 的层析玻璃管中加入 40g 氧化铝，高度 12.5cm，加入混合产品 1.24g，用 50mL 层析剂洗涤，通过 N_2 加压（200mL/min），获得纯产品 OMAI。调节洗脱剂的配比，通过薄层色谱分析分离效果（表 3.13）。

表 3.13　洗脱剂比例对分离效果影响

展开剂（乙酸乙酯∶二氯甲烷）	分离效果
1∶0	产品含有 10.2% C_{12}-DMAA
1∶2	比移值合适，分离效果较好
0∶1	C_{12}-OMAI 分离收率仅为 12.3%

由于脒的碱性强，吸附在薄层层析板上，几乎不随着展开剂沿薄层层析板上爬[46]。提纯结果如图 3.30 所示，图中仅有一个点，表示 C_{12}-DMAA 滞留在层析剂氧化铝中，仅剩 C_{12}-OMAI。薄层层析结果显示 C_{12}-DMAA 的比移值 $R_f = 0.19$，C_{12}-OMAI 的比移值 $R_f = 0.59$。四种不同链长的混合产品均适用于上述提纯方法，可将产物中 DMAA 脱除，提纯后的亚氨酯纯度达到 100%。

（a）合成后未提纯混合物的薄层色谱　　　（b）提纯后产品的薄层色谱

图 3.30　提纯前后产品的薄层色谱分离结果

提纯后的 C$_{12}$-OMAI、C$_{14}$-OMAI、C$_{16}$-OMAI 和 C$_{18}$-OMAI 产品如图 3.31 所示。C$_{12}$-OMAI 和 C$_{14}$-OMAI 是无色液体，而 C$_{16}$-OMAI 和 C$_{18}$-OMAI 均为乳白色液体，其中 C$_{16}$-OMAI 和 C$_{18}$-OMAI 分子量较大，黏度大，流动性较差，这可能与物质的分子量较大有关。

图 3.31　提纯后的 C$_{12}$-OMAI、C$_{14}$-OMAI、C$_{16}$-OMAI 和 C$_{18}$-OMAI 产品

产物采用^{1}H NMR、^{13}C NMR、红外和高分辨率质谱等进行结构确证。C$_{14}$-OMAI 的谱图结果如图 3.32 至图 3.35 所示。图 3.32 中 C$_{14}$-OMAI 质谱测定分子量为 270.2811，与计算值 270.2791 一致。图 3.33 中 $\delta=3.60$ 表示甲氧基中特征氢原子的化学位移比烷基乙脒($\delta=2.87$)的特征峰化学位移大，这是因为氧原子比氮原子的极性强。在图 3.35 中，波数 1685.48cm^{-1}表示碳氮双键的吸收峰，1253.50cm^{-1}表示醚基的红外吸收峰。

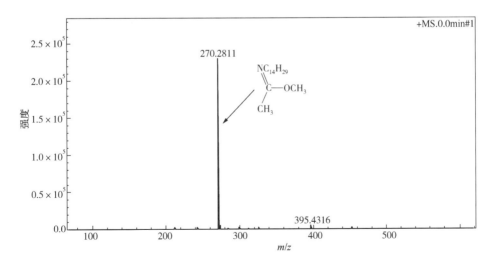

图 3.32　C$_{14}$-OMAI 质谱图

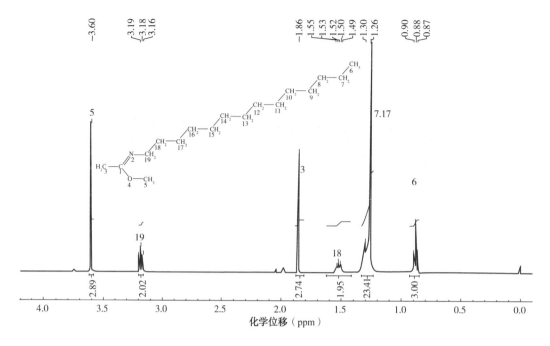

图 3.33　C_{14}-OMAI 的 ^{1}H NMR

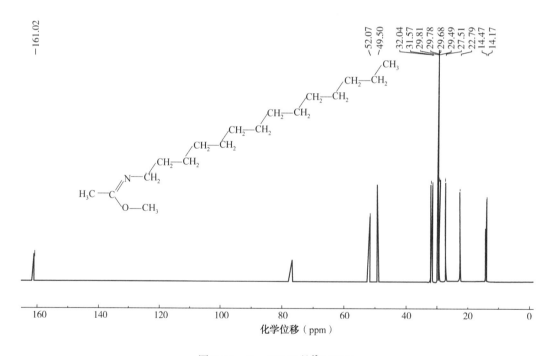

图 3.34　C_{14}-OMAI 的 ^{13}C NMR

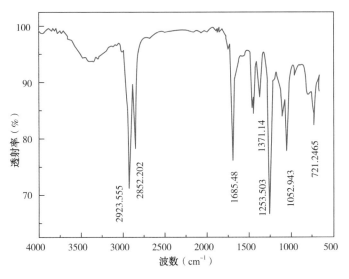

图 3.35　C₁₄-DMAA 的红外谱图

3.5.4　N′-长链烷基-N, N-二乙基乙脒的合成影响因素

采用纯化的亚氨酯和二乙胺为原料的成脒反应是实现可调控烷基脒的头基基团的手段。N-长链烷基乙亚氨酸甲酯与二乙胺在适宜的条件下可合成 N′-长链烷基-N, N-二乙基乙脒(图 3.36)。

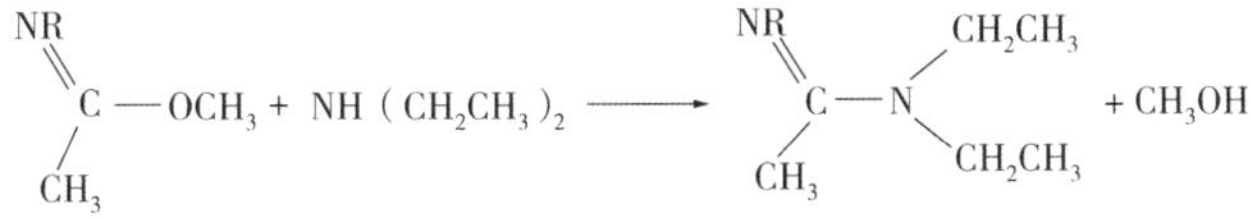

$$
\underset{CH_3}{\overset{NR}{C}}\!-\!OCH_3 + NH(CH_2CH_3)_2 \longrightarrow \underset{CH_3}{\overset{NR}{C}}\!-\!N\!\overset{CH_2CH_3}{\underset{CH_2CH_3}{}} + CH_3OH
$$

图 3.36　以亚氨酯和二乙胺为原料的成脒反应

由于二乙胺具有较甲醇更高的挥发性(常压沸点 55℃)，为确保二乙胺主要以液相形式存在于反应体系，选取了反应过程中添加过量二乙胺的方式，反应温度维持在 55℃。以下为 N′-十二烷基-N, N-二乙基乙脒合成反应条件的影响。

3.5.4.1　二乙胺用量

在较高的反应温度条件下，二乙胺容易挥发，常压下采用二乙胺过量的方式合成。体系中二乙胺含量对亚氨酯成脒反应的影响见表 3.14。亚氨酯成脒为单一反应，仅生成烷基脒一种产物。结果表明，当二乙胺添加量大于 20mL/0.005mol C₁₂-OMAI 后，反应转化率降低。由于过量的二乙胺降低了反应物的浓度，减慢了反应速率，使产品转化率下降。

表 3.14　二乙胺用量对亚氨酯转化率的影响

序号	二乙胺(mL)	转化率(%)
1	20	18.1
2	40	5.9
3	60	4.6

反应条件：投料 C₁₂-OMAI 0.005mol，12h，55℃。

3.5.4.2 反应时间

反应时间对亚氨酯转化率的影响见表 3.15。在 55℃ 条件下，当反应时间大于 12h 后，亚氨酯转化率达到 17% 左右，延长时间并不能有效提高亚氨酯的转化率。

表 3.15　不同反应时间下亚氨酯的转化率

序号	反应时间（h）	转化率(%)
1	12	18.1
2	24	16.3
3	36	16.9

反应条件：投料 C_{12}-OMAI 0.005mol，20mL 二乙胺，55℃。

3.5.4.3 溶剂的影响

55℃ 时亚氨酯与二乙胺反应转化率较低，约 17% 左右，因此在反应体系中添加三乙胺和 1,4-二氧六环提高反应温度，促进亚氨酯转化，见表 3.16。由表 3.16 可以看出，亚氨酯转化为 DEAA 的转化率有所提高，约为 50% 左右。由于该反应在 85℃ 下进行，大于二乙胺的沸点(55℃)，因此反应过程需补加二乙胺。这在一定程度上提高了转化率，但并未从根本上解决反应温度与二乙胺浓度之间的矛盾。因此，若需进一步提高 OMAI 的转化率，可以通过加压或与高沸点胺反应等方式进行反应。

表 3.16　以三乙胺和 1,4-二氧六环为溶剂的亚氨酯合成脒

序号	R-基团	产品	转化率(%)
1	$C_{12}H_{25}$	$\begin{array}{c} NC_{12}H_{25}\ \ CH_2CH_3 \\ \| \quad\quad / \\ C-N \\ / \quad\ \backslash \\ CH_3 \quad CH_2CH_3 \end{array}$	42.3
2	$C_{14}H_{29}$	$\begin{array}{c} NC_{14}H_{29}\ \ CH_2CH_3 \\ \| \quad\quad / \\ C-N \\ / \quad\ \backslash \\ CH_3 \quad CH_2CH_3 \end{array}$	48.5
3	$C_{16}H_{33}$	$\begin{array}{c} NC_{16}H_{33}\ \ CH_2CH_3 \\ \| \quad\quad / \\ C-N \\ / \quad\ \backslash \\ CH_3 \quad CH_2CH_3 \end{array}$	60.5
4	$C_{18}H_{37}$	$\begin{array}{c} NC_{18}H_{37}\ \ CH_2CH_3 \\ \| \quad\quad / \\ C-N \\ / \quad\ \backslash \\ CH_3 \quad CH_2CH_3 \end{array}$	53.7

反应条件：反应体系中添加三乙胺和 1,4-二氧六环，85℃，36h。

3.5.5 N′–长链烷基–N, N–二乙基乙脒的检测

采用亚氨酯法合成得到含有 C_{12}-DEAA、C_{14}-DEAA、C_{16}-DEAA 和 C_{18}-DEAA 系列产品的产物混合液，产物混合液均为浅棕色液体(图 3.37)。

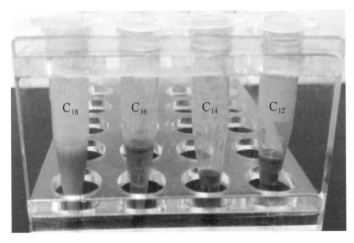

图 3.37 DEAA 产品图 (从右往左依次为 C_{12}-DEAA，C_{14}-DEAA，C_{16}-DEAA，C_{18}-DMAA)

产物采用¹H NMR、¹³C NMR、红外和高分辨率质谱等进行结构确证。图 3.38 至图 3.41 为 C_{16}-DEAA 的相关谱图。图 3.38 中 339.3752 表示 C_{16}-DEAA 的分子量，与计算值 339.3733 一致。图 3.39 中 $\delta = 3.31$ 四重峰表示单键氮原子连接亚甲基中氢原子。而图 3.40 中在 $\delta = 41.6$ 处出峰，为—$N(CH_2CH_3)_2$ 中亚甲基碳峰。图 3.41 中波数 1620.76cm⁻¹ 表示二乙基乙脒的脒基的吸收峰，1685.48cm⁻¹ 和 1253.50cm⁻¹ 分别表示未反应亚氨酯的碳氮双键的吸收峰和脒基的红外吸收峰。

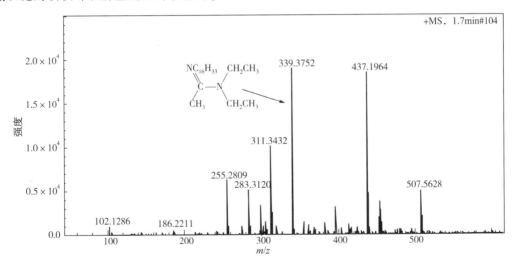

图 3.38 C_{16}-DEAA 质谱图

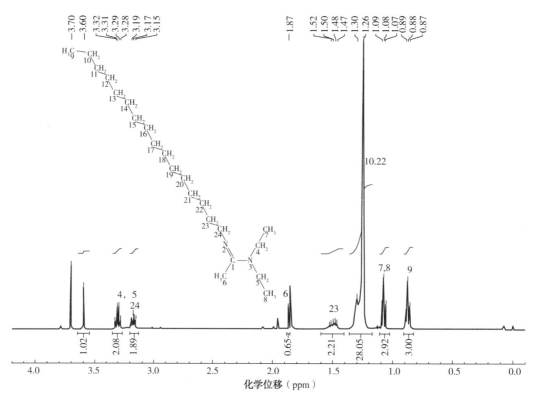

图 3.39　C_{16}-DEAA 的 ^1H NMR

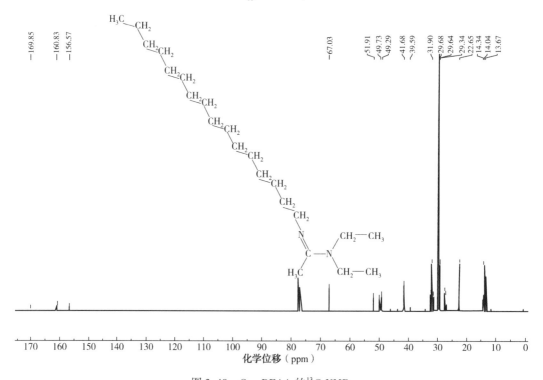

图 3.40　C_{16}-DEAA 的 ^{13}C NMR

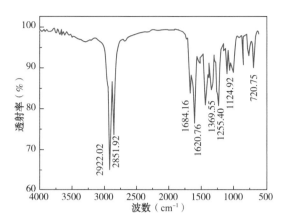

图 3.41　C₁₆-DEAA 的红外谱图

3.5.6　N′-长链烷基-N, N-二乙基乙脒的性能

3.5.6.1　CO₂/N₂ 开关性能

由于混合产品中含有 C₁₈-DEAA 和 C₁₈-OMAI 两种组分，为了确定 C₁₈-DEAA 的 CO_2 开关性能，需要空白对照，除去 C₁₈-OMAI 对溶液电导率数值的影响。混合产品的电导率变化如图 3.42 所示，C₁₈-OMAI 的电导率变化在 1~6μS/cm 下，可以忽略其在混合产品中对电导率变化的影响，而含有 C₁₈-DEAA 和 C₁₈-OMAI 的混合物在 65℃ 下可以循环四次，说明了 C₁₈-DEAA 具有 CO_2 开关性[2]。

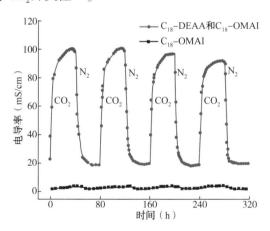

图 3.42　65℃ 下混合产品 C₁₈-OMAI 和 C₁₈-DEAA 的电导率变化趋势

3.5.6.2　乳化性能

混合产品 DEAA 乳化性能测试结果如图 3.43 所示。其中，图 3.43（a）为未通入 CO_2 时的体系状态，油水分成两相表明 C₁₈-DEAA 本身并不具有乳化性能。而图 3.43（e）为仅含有 C₁₈-OMAI 的油水体系，在通入 CO_2 后，该体系并没有实现油水两相的乳化，表明单独的 C₁₈-OMAI 并不具有 CO_2 响应特性，这与电导率测试结果相吻合。图 3.43（b）为 C₁₈-DEAA 在通入 CO_2 后形成烷基脒碳酸氢盐表面活性剂，使油水完全乳化，形成均一的乳液。

该乳液体系静置12h后分层，其中分油率为20%，分水率为40%。在45℃下通入$N_2$30min后油水两相几乎完全分层[图3.43（c）]，表明在加热的条件下通入N_2可使C_{18}-DEAA的碳酸氢盐还原为中性的C_{18}-DEAA，而C_{18}-DEAA并没有乳化能力。一系列变化说明，C_{18}-DEAA在通入CO_2后具有乳化性能，在通入N_2的条件下使乳液破乳。初步的乳化和破乳测试结果证明，C_{18}-DEAA是CO_2敏感型表面活性剂，具备开关性和乳化性能。

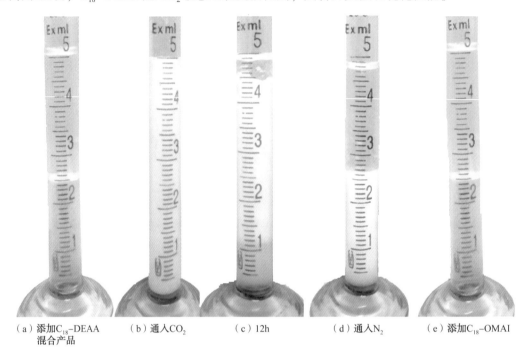

（a）添加C_{18}-DEAA　　　（b）通入CO_2　　　（c）12h　　　（d）通入N_2　　　（e）添加C_{18}-OMAI
混合产品

图3.43　C_{18}-DEAA对十二烷—水体系的乳化

参 考 文 献

［1］陈明. 对油田地面水处理技术规范的探讨［J］. 化工管理，2017（22）：211.

［2］Liu Y, Jessop P G, Cunningham M, et al. Switchable surfactants［J］. Science, 2006, 313（5789）：958-960.

［3］Wang J, Tian L, Li Y, et al. The mechanism and research progress of switchable surfactant［J］. Guangdong Chemical Industry, 2017, 44（10）：94-96.

［4］Fowler C I, Muchemu C M, Miller R E, et al. Emulsion polymerization of styrene and methyl methacrylate using cationic switchable surfactants［J］. Macromolecules, 2011, 44（8）：2501-2509.

［5］Su X, Fowler C, O'Neill C, et al. Emulsion polymerization using switchable surfactants：a route towards water redispersable latexes［J］. Macromolecular Symposia, 2013, 333（1）：93-101.

［6］Fowler C I, Jessop P G, Cunningham M F. Aryl amidine and tertiary amine switchable surfactants and their application in the emulsion polymerization of methyl methacrylate［J］. Macromolecules, 2012, 45（7）：2955-2962.

［7］Jiang J, Zhu Y, Cui Z, et al. Switchable pickering emulsions stabilized by silica nanoparticles hydrophobized in situ with a switchable surfactant［J］. Angewandte Chemie International Edition, 2013, 52（47）：

12373-12376.

[8] Bryant K, Ibrahim G, Saunders S R. Switchable surfactants for the preparation of monodisperse, supported nanoparticle catalysts[J]. Langmuir, 2017, 33 (45): 12982-12988.

[9] Li Y J, Tian S L, Ning P. Progress in the application and research of switchable surfactants[J]. Applied Chemical Industry, 2008, 37(4): 438-441.

[10] Harjani J R, Liang C, Jessop P G. A synthesis of acetamidines [J]. Journal of Organic Chemistry, 2011, 76(6): 1683-1691.

[11] Zhang Q, Yu G, Wang W J, et al. Preparation of CO$_2$/N$_2$-triggered reversibly coagulatable and redispers-ible polyacrylate latexes by emulsion polymerization using a polymeric surfactant[J]. Macromolecular Rapid Communications, 2012, 33 (10): 916-921.

[12] Lu H, Guan X, Dai S, et al. Application of CO$_2$-triggered switchable surfactants to form emulsion with Xin-jiang heavy oil[J]. Journal of Dispersion Science & Technology, 2014, 35 (5): 655-662.

[13] Lu H, Guan X, Wang B, et al. CO$_2$ switchable oil/water emulsion for pipeline transport of heavy oil[J]. Journal of Surfactants & Detergents, 2015, 18 (5): 773-782.

[14] Elhag A S, Chen Y, Chen H, et al. Switchable amine surfactants for stable CO$_2$/brine foams in high temper-ature, high salinity reservoirs[C]. SPE 169041-MS, 2014.

[15] Lu H, He Y, Huang Z. Foaming properties of CO$_2$-triggered surfactants for switchable foam control[J]. Journal of Dispersion Science & Technology, 2014, 35 (6): 832-839.

[16] 万乐平. 脒基 CO$_2$/空气开关表面活性剂的合成与应用研究[D]. 无锡：江南大学, 2011.

[17] Zhang Y, Feng Y, Wang Y, et al. CO$_2$-switchable viscoelastic fluids based on a pseudogemini surfactant [J]. Langmuir the ACS Journal of Surfaces & Colloids, 2013, 29 (13): 4187-4192.

[18] Jing X, Lu H, Wang B, et al. CO$_2$-switchable polymeric vesicle-network structure transition induced by a hairpin-line molecular configuration conversion[J]. Journal of Applied Polymer Science, 2016, 134 (5): 44417-44424.

[19] 郑智博. CO$_2$开关表面活性剂的合成及其乳液、囊泡的调控[D]. 大连：大连理工大学, 2015.

[20] 康永, 王超, 柴秀娟. 脒类化合物合成方法的研究进展[J]. 农药研究与应用, 2010(5): 9-12.

[21] 赵越, 程原. 脒的合成及应用研究新进展[J]. 化工中间体, 2008(10): 5-9.

[22] Åke P, Alf R, Kurt T. Preparation and properties of/V-monoalkylated imidic esters[J]. Acta Chemica Scandinavica, 1969, 23 (3): 818-824.

[23] Patai S, Rappoport Z. The chemistry of amidines and imidates[M]. Wiley, 1975.

[24] Scoggins M W. A rapid gas chromatographic analysis of diastereomeric diamines[J]. Journal of Chromato-graphic Science, 1975, 13 (3): 146-148.

[25] Oszczapowicz J, Raczyńska E. Amidines. Part 13. Influence of substitution at imino nitrogen atom on pK_a values of N^1 N^1-dimethylacetamidines[J]. Journal of the Chemical Society Perkin Transactions 2, 1984 (10): 1643-1646.

[26] 王琳. 含脒基开关型表面活性剂的合成及应用研究[D]. 大连：大连理工大学, 2008.

[27] Yamada T, Lukac P J, Mathew George A, et al. Reversible, room-temperature ionic liquids. amidinium carbamates derived fromamidines and aliphatic primary amines with carbon dioxide[J]. Chemistry of Materi-als, 2007, 19 (5): 967-969.

[28] Yoo E J, Bae I, Cho S H, et al. A facile access to N-sulfonylimidates and their synthetic utility for the transformation to amidines and amides[J]. Organic Letters, 2006, 8 (7): 1347-1350.

[29] Wang Z Q. A clean and economical preparation of imidates[J]. Chinese Journal of pharmaceuticals, 2009,

40（4）：253-254.

［30］Roger R，Neilson D G. The chemistry of imidates［J］. Chemical Reviews，2012，61（2）：179-211.

［31］Treppendahl S，Jakobsen P，Jokela H，et al. Preparation of N-acylformimidates. Reaction of carboxamides with triethyl orthoformate［J］. Acta Chemica Scandinavica，1978，32（10）：778-779.

［32］Zhang Y，Guo S，Wu W，et al. CO_2-triggered pickering emulsion based on silica nanoparticles and tertiary amine with long hydrophobic tails［J］. Langmuir，2016，32（45）：11861-11867.

［33］Liu H，Lin S，Feng Y，et al. CO_2 responsive polymer materials［J］. Polymer Chemistry，2017，8（1）：12-23.

［34］Yan Q，Zhou R，Fu C，et al. CO_2-responsive polymeric vesicles that breathe［J］. Angewandte Chemie，2011，123（21）：5025-5029.

［35］Liang C，Harjani J R，Robert T，et al. Use of CO_2-triggered switchable surfactants for the stabilization of oil-in-water emulsions［J］. Energy & Fuels，2012，26（1）：488-494.

［36］Scott L M，Robert T，Harjani J R，et al. Designing the head group of CO_2-triggered switchable surfactants ［J］. RSC Advances，2012（11）：4925-4931.

［37］Davis H T. Factors determining emulsion type：hydrophile—lipophile balance and beyond［J］. Colloids & Surfaces A Physicochemical & Engineering Aspects，1994，91：9-24.

［38］Ivanov I B，Kralchevsky P A. Stability of emulsions under equilibrium and dynamic conditions［J］. Colloids & Surfaces A Physicochemical & Engineering Aspects，1997，128（1）：155-175.

［39］And J Y S，Abbott N L. Using light to control dynamic surface tensions of aqueous solutions of water-soluble surfactants［J］. Langmuir，1999，15（13）：4404-4410.

［40］Jessop P G. Reversibly switchable surfactants and methods of use thereof：US，8283385［P］. 2012-10-09.

［41］Arthur T，Harjani J R，Phan L，et al. Effects-driven chemical design：the acute toxicity of CO_2-triggered switchable surfactants to rainbow trout can be predicted from octanol-water partition coefficients［J］. Green Chemistry，2012，14（2）：357-362.

［42］Tadros T F. Applied surfactants：principles and applications［M］. John Wiley & Sons，2006.

［43］尹金超，陈宇开，蒋建中，等. 酸碱—氧化还原双重刺激响应型表面活性剂的合成与性能［J］. 高等学校化学学报，2017，38（9）：1645-1653.

［44］Chanda J，Bandyopadhyay S. Molecular dynamics study of surfactant monolayers adsorbed at the oil/water and air/water interfaces［J］. Journal of Physical Chemistry B，2006，110（46）：23482-23488.

［45］Xue Z，Panthi K，Fei Y，et al. CO_2-soluble ionic surfactants and CO_2 foams for high-temperature and high-salinity sandstone reservoirs［J］. Energy Fuels，2015，29（9）：5750-5760.

［46］马建明，龚文杰. 柱层析分离净化的实验方法和技巧探讨［J］. 中国卫生检验杂志，2008，18（4）：745，762.

第4章 温度响应型表面活性剂

具有特殊功能或结构的表面活性剂，在溶液中不仅可以形成有序的囊泡、液晶和胶束等结构，而且还对外界环境的刺激具有特定的响应。通过调控和改变溶液中表面活性剂的聚集方式，可以改变表面活性剂的物理化学性质，从而可将其应用于某些特殊场合。温度响应表面活性剂就是一种对外部温度变化自身产生响应的智能型表面活性剂，由于温度调节的控制相对简便，因此这类表面活性剂有较为广泛的应用前景。

4.1 温度响应型表面活性剂体系研究进展

近年来，围绕温度响应型表面活性剂国内外研究者开展了系列研究工作。研究的表面活性剂主要涉及离子型温度响应型胶束体系、非离子型温度响应型胶束体系和高分子聚合物温度响应体系等。

4.1.1 基于离子表面活性剂的温度响应型胶束体系

4.1.1.1 季铵盐阳离子表面活性剂

国内外研究者针对季铵盐阳离子表面活性剂形成的温敏型胶束体系进行了较多的研究工作。1996 年，Salkar 等[1]、Manohar 等[2]报道了具有热增黏效应的 3-羟基萘-2-羧酸化十六烷基三甲基铵（CTAHNC）蠕虫状胶束体系。该体系在常温下会形成囊泡，升温到 65℃时体系的囊泡破裂，继而产生网络状的蠕虫状胶束，且通过动态流变、荧光和核磁共振技术证实了囊泡到胶束的转化。其原因是常温下反离子 HNC⁻ 与 CTA⁺ 结合成离子对，使排列参数增加形成囊泡，随着温度的升高，HNC⁻ 不断从离子对中解离出来增溶到聚集体中，导致体系发生囊泡向蠕虫胶束转变。1998 年，Mendes 小组通过小角中子散射实验证实了温度变化可以诱导 CTAHNC 由囊泡到胶束的转变[3]。Engberts 等[4]报道了 5-乙基水杨酸化烷基三甲基铵混合体系中的相关转变。Kalur 和 Saha 等[5,6]报道了含不饱和疏水基团的阳离子表面活性剂 N，N-二（2-羟基乙基）-N-甲基-N-瓢儿菜氯化铵（EHAC）分别与水杨酸钠和邻羟基萘羧酸钠（SHNC）组成的阳离子表面活性剂混合体系，发现了在加热状态下的溶液黏度效应，并通过小角中子散射技术和流变学相关参数的测量研究了体系中胶束的热增长与黏度间的微观联系。Li 等[7]报道了咪唑型表面活性剂、1-十六烷基-3-甲基咪唑溴盐（C_{16}-MIMBr）与水杨酸钠的混合体系中由黏弹性蠕虫状胶束溶液到弹性水凝胶的热响应相变，并探讨了结构对凝胶形成的影响。Jiang 等[8]还通过在烷基三甲基溴化铵/SDS 体系中加入胆酸钠获得了温度和 pH 双重响应的蠕虫状胶束体系。平阿丽[9]分别考察了单链季铵盐阳离子表面活性剂十六烷基三甲基水杨酸铵水溶液（C[16]-TASal 溶液）流变行为，十六烷基三甲基溴化铵（CTAB）与有机酸（邻甲基水杨酸）混合水溶液的黏弹性行为，加入带反电荷的阴离子表面活性剂辛酸钠的 3-烷基-2-羟丙基三甲基溴化铵水溶液的流变性能，双链季铵盐阳离子表面活性剂（2-羟丙基-1,3 十四烷基二甲基氯化铵）与聚氧乙烯月桂醚（非离子表面活性剂）水溶液的流变性能等随温度的变化规律。结果发现 C[16]-TASal 溶液随浓度的变化存在两个相转变点，分别是形成球状胶束和棒状胶束；阴、阳离子混合表面活性剂 C[n]HTAB/SO 通过疏水作用、静电相互作用和氢键作用形成了长胶束。体系的黏弹性可以通过浓度、比表面活性剂链长和环境温度来灵活调节。

离子表面活性剂的温敏型胶束体系是离子表面活性剂与其抗衡离子（水溶助长剂或另一种所带电荷相反离子表面活性剂）相结合，形成类似双链脂质的结构，以某种聚集形态存在于溶液中；当温度升高时，部分抗衡离子从聚集体中解吸，溶解于溶液之中，导致聚集体表面电荷密度发生变化，进而改变其在溶液中的聚集形态，从而表现出温度敏感性能[3,6]。

4.1.1.2　阳离子—阴离子混合表面活性剂体系

由于阳离子和阴离子表面活性剂的水相混合体系中存在相反电荷头基的静电作用，因此，在一些传统的阳离子—阴离子混合表面活性剂体系中，可形成温度敏感的两相体系（T-ASTP）。Wang 等[10]发现加热条件下传统的阳离子—阴离子混合的表面活性剂体系中形成温度敏感的 T-ASTP 是由于温度诱导下的囊泡聚集。相分离温度可通过改变表面活性剂的组成或加入添加剂调节，如三梨醇、尿素或 NaBr 等。阴离子和阳离子表面活性剂之间存在的相互作用对 T-ASTP 体系的形成有重要影响。2008 年，Jiang 等[8]在惰性的十二烷基三乙基溴化铵和十二烷基硫酸钠中加入少量的胆酸钠，利用胆酸钠羟基的温度敏感性和羧基的 pH 敏感性，使体系响应温度或 pH 变化，进而产生囊泡向胶束的可逆转换，得到了双重反应能力的阴阳离子表面活性剂。

4.1.2　基于非离子表面活性剂的温度响应型胶束体系

2017 年，Zhu 等[11]提出了一种简单的合成温敏的 Pickering 乳液的方案。采用亲水性二氧化硅颗粒与十二烷基聚氧乙烯醚（非离子表面活性剂）混合，获得水包油（O/W）乳液。乳液在室温下稳定，升高温度时破乳。当分离后的混合物被冷却和再次均质化，乳液的稳定性可以恢复。研究发现，低温下聚氧乙烯头基中氧原子与二氧化硅颗粒表面上的 SiOH 基团间形成氢键而产生了新型的非离子表面活性剂，该表面活性剂在二氧化硅纳米颗粒—水表面上吸附使纳米颗粒原位疏水化，从而拥有了表面活性。提高温度可使氢键减弱或丧失，使纳米颗粒失去疏水性，从而实现破乳，并且温度越高，破乳时间越短。此外，受表面活性剂头基长度的影响，乳液的破乳时间随温度的升高而缩短。

低温下非离子表面活性剂吸附在油水界面，其亲水头部的氧与水或水中纳米颗粒中的羟基形成氢键，从而实现双亲性并使油水乳化；随着温度的升高，这些氢键被破坏，部分处于油水界面处的非离子表面活性剂溶解到油相中，导致界面处表面活性剂浓度降低，进而破乳[11]。乳化和破乳历程如图 4.1 所示。

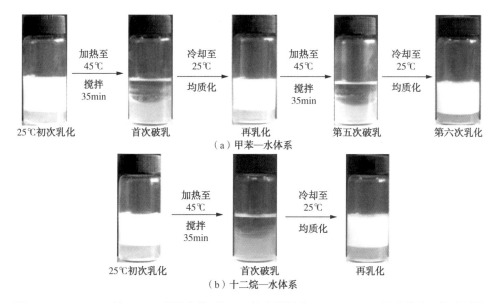

图4.1　25~45℃，被0.5%(质量分数)的 SiO_2 纳米颗粒和0.3mmol/L五甘醇单十二烷基醚的
混合物稳定的乳液的乳化—破乳循环示意图[11]

4.1.3　高分子聚合物体系

4.1.3.1　高分子嵌段共聚物体系

有研究发现，在少量的有机稀释剂存在条件下，温敏聚合物表面活性剂水溶液对从油砂中萃取油效率具有显著影响，并且热诱导下特定嵌段的不溶解性容易导致嵌段共聚物胶束的形成。基于这些相关研究成果，高分子嵌段共聚物[含有聚乙二醇(PEG)和聚(2-(2-甲氧基乙氧基)乙基甲基丙烯酸酯)(PMEO$_2$MA 片段)]开始被作为温敏表面活性剂用于从油砂中萃取油[12]。

4.1.3.2　凝胶颗粒

响应型的凝胶颗粒是新一类油包水乳液和泡沫中的乳化剂和稳定剂。在需要破坏界面稳定性的很多领域(如水处理、原油回收)，采用凝胶颗粒替代表面活性剂稳定响应环境刺激是一种有前途的方法。与表面活性剂相同，使用刺激响应凝胶颗粒形成非均相介质更便于其回收。Ngai 等[13,14]率先报道了采用聚(N -异丙基丙烯酰胺—甲基丙烯酸)微凝胶为固体稳定颗粒制备稳定的辛醇—水乳液。研究发现，在高 pH 和温度低于微凝胶的 VPTT 时，NIPAM-MAA 微凝胶可稳定辛醇—水乳液。当 pH 降低和温度提高时，乳液的稳定性被破坏。Ngai 等认为这是因为高温和低 pH 下，NIPAM-MAA 微凝胶转变为疏水的并进入油相，微凝胶颗粒可能被破坏，在界面上出现空穴，使水包油乳液不稳定。Tsuji 和 Kawaguchi [15]在提纯 NIPAM 微凝胶时提出了类似的假设。Brugger 等[16,17]采用双刺激响应微凝胶详细研究了水包油乳液的稳定与不稳定。Monteux 等[18]报道了温度响应微凝胶(PNIPAM)在十二烷—水表面的合成以及其随温度变化的界面张力特性。研究发现，温度是降低十二烷—水乳液稳定性的引发因素，并基于界面张力数据探讨了稳定性降低的可能机理。

4.1.4 温度响应型表面活性剂在油水体系处理中的应用

油水分离在吸附和收集原油、处理餐厨垃圾中的含油废水、化妆品、涂料等方面应用广泛。尚琮[19]以异丙基丙烯酰胺（NIPAM）、丙烯酸（AA）为原料合成了一系列具有良好球形形貌的 P（NIPAM-co-AA）响应型颗粒，并进一步制备了聚合物复合磁性颗粒，实现了乳液液滴的磁驱动和油水分离。通过在磁性颗粒的表面引入双键实现了 P（NIPAM-co-AA）聚合物与磁性颗粒的复合，得到浅红色的复合颗粒，复合磁性颗粒对甲苯—水的乳化作用如图 4.2 所示。

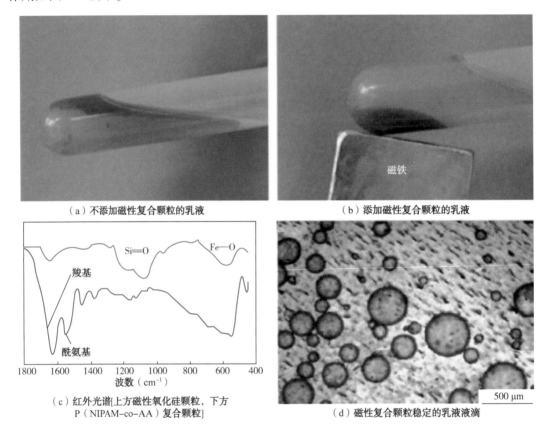

（a）不添加磁性复合颗粒的乳液　　　　　（b）添加磁性复合颗粒的乳液

（c）红外光谱[上方磁性氧化硅颗粒，下方 P（NIPAM-co-AA）复合颗粒]　　　　　（d）磁性复合颗粒稳定的乳液液滴

图 4.2　复合磁性颗粒对甲苯—水的乳化作用

在无外加磁场的情况下，乳化的甲苯液滴浮在水层上方。当在容器底部放置一块磁铁后，颗粒携带甲苯沉于容器底部，移动磁铁，乳化的土灰色油珠随着磁场移动，可以实现磁场驱动下的快速移动。撤除外加磁场，乳化液珠迅速上浮，因而可以实现外加磁场下的油水分离。

Yang 和 Duhamel[12]利用温度响应型表面活性剂进行的油砂驱油实验证明，温度响应型嵌段共聚物对提高油砂中石油采收率有利。在适宜的温度范围内，嵌段共聚物可以从油砂中将油提取出来。与不含嵌段共聚物的过程（油回收率低于30%）相比，油的回收率明显提高，且此嵌段共聚物可多次循环使用。尽管目前的研究结果尚不能作为工业应用的有力保障，但至少证明了温度响应型高分子嵌段共聚物在提高油砂中原油采收率方面的应用优势。

如图 4.3 所示，根据温度响应型高分子嵌段聚合物水溶液特点建立的萃取方案：室温下（低于最低临界溶解温度 LCST），向一定量的聚合物水溶液加入油砂。油砂沉于溶液的底部，少量的有机稀释剂（甲苯）聚集在水溶液的表面。在较高温度下（高于 LCST），将混合物振动一段时间（一夜），再冷却至室温。此时，溶液底部为洁净的砂子，水溶液由于砂子并未沉积变得浑浊，含有甲苯的油析出在水相表层并可以被轻易移走。在实验条件下，油砂中的油几乎可被 100% 回收，含有余下 80% 的嵌段聚合物水溶液可重复使用。图 4.4 为萃取前后混合物的状态。

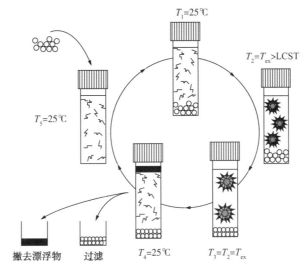

图 4.3　采用温度响应型嵌段聚合物从油砂中提取油过程示意图

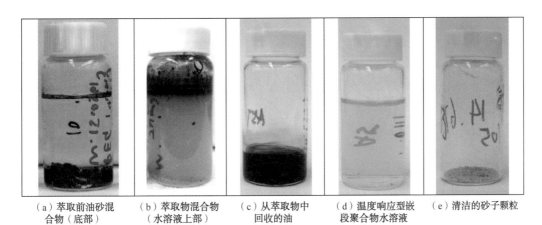

（a）萃取前油砂混合物（底部）　（b）萃取物混合物（水溶液上部）　（c）从萃取物中回收的油　（d）温度响应型嵌段聚合物水溶液　（e）清洁的砂子颗粒

图 4.4　萃取前后混合物的状态

潘莲莲[20]以自制的 Fe_3O_4 为内核，经表面处理后，引入温敏性单体聚异丙基丙烯酰胺（PNIPAM），制备了温敏型磁性絮凝剂 M-PNIPAM。利用这种温敏型絮凝剂，成功处理了一种细乳化的高浓度含油废水。结果表明，在温度为 32℃、pH 为 7 的条件下，当用 80.84mg/L 的 M-PNIPAM 处理普通模拟乳液时，透光率为 90.2%；当用 91.52mg/L 的 M-

PNIPAM 处理细乳化模拟废水时，透光率为 78.7%。这种方法可以实现油水快速分离（10min），在磁场作用下絮体沉降速率加快（1min）。而且油、水资源可回收再利用，絮凝剂失效回收后亦可再生，具有无毒、绿色环保和可重复利用的特点。

现有表面活性剂驱油技术中，由于岩石和黏土吸附导致的表面活性剂损耗量大，影响石油采收率的提高。余亚兰等[21]制备了一种能够有效包载表面活性剂并且在将表面活性剂运送到油藏深处后能够可控释放表面活性剂的智能胶囊（膜囊壁基材为聚 N-羟甲基丙烯酰胺功能高分子的微胶囊，所述微胶囊的膜囊壁中嵌入有温敏性的亚微球），从而避免岩石和黏土对表面活性剂的吸附滞留，充分发挥表面活性剂的驱油效果。实验证明，将含有温敏性智能微胶囊的驱替流体注入三次采油的油藏深处，由于油藏深处温度高于温敏性亚微球的体积相转变温度，使温敏性智能微胶囊的中空空腔内的表面活性剂释放实现驱油目的。

4.2　温度响应型表面活性剂的分子结构

临界溶解温度是温度响应型聚合物具有的重要性质之一，即聚合物溶液根据其组成发生不连续相变的温度。温度响应型聚合物溶液的相转变具有两种类型（图 4.5）：（1）当温度高于某一临界温度时，聚合物从溶解转为不溶，这一温度为低临界溶解温度（LCST）；（2）当温度低于某一临界温度时，聚合物从溶解转为不溶的温度为高临界溶解温度（UCST）。一般地，对应 LCST 体系，围绕聚合物的水分子，相对于溶液的其他部位更为有序，形成一种封闭的"笼形"结构。而水分子则以氢键的方式结合在"笼形"结构的内部基团上。由于这种结合较为脆弱，当温度上升后，聚合物分子彼此靠近，导致原有的有序排列的"笼形"结构被破坏，使结合在内部基团上的部分水分子进入自由水中，体系的熵增加。即由于几何结构的原因，单独包围聚合物分子所需的有序水分子多于用于包围聚集在一起的聚合物的有序水分子，表现为"疏水效应"。

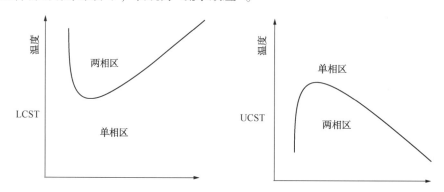

图 4.5　温度响应型聚合物溶液的温度相转变行为

两亲性嵌段共聚物采用化学键将亲水链段和疏水烷基链段联系在一起，在适当的环境中，通过其协同作用，可形成结构丰富的纳米胶束和胶束聚集体。通过改变嵌段种类、组成、聚合度、链段长度、分子构型等，实现对具有不同化学性质、极性和黏附性能的材料之间的界面控制。

4.2.1　温度响应型表面活性剂的聚合物分子链段

温度响应型聚合物中，分子链段常含有取代的酰胺、醚键和羟基等官能团。常见的温度响应型聚合物有聚 N -异丙基丙烯酰胺（PNIPAM）、聚甲基丙烯酸 N，N -二甲氨乙酯（PDMAEMA）、聚氧化乙醚（PEO）、羟丙基纤维素（HPC）、聚乙烯吡咯烷酮（PVP）等。具有临界溶解温度是温度响应型聚合物的显著特征之一。对于具有 LCST 的聚合物而言，在高于某一温度时发生相分离，低于某一温度时为均相，而具有 UCST 的聚合物，其相转变情况与前者相反。

在温度响应型聚合物的结构中，亲水链段与疏水烷基链段对化合物的 LCST 有显著的影响。采用与亲水性单体共聚可以提高温敏聚合物的 LCST，甚至可使 LCST 完全消失；通过与疏水性链段共聚，则可以降低聚合物的 LCST，同时使其温度响应性行为得到增强。在设计温度响应型聚合物时，通过控制聚合物中亲水部分与疏水部分的比例，可以获得具有理想 LCST 的聚合物。常见的温度响应型聚合物的 LCST 见表 4.1。

表 4.1　常见的温度响应型聚合物的 LCST

序号	聚合物	LCST（℃）
1	聚 N -异丙基丙烯酰胺（PNIPAM）	约 32
2	聚 N，N -二乙基丙烯酰胺（PDEAAm）	25～32
3	聚甲基丙烯酸 N，N -二甲氨乙酯（PDMAEMA）	约 50
4	聚乙烯基己内酰胺（PVCL）	25～35
5	聚乙二醇（PEG）	85

PNIPAM 是目前有文献报道的常见的温度响应型聚合物，其分子结构如图 4.6 所示。其分子结构中包含了亲水的酰胺基团和疏水的异丙基基团，这种结构使聚合物分子链段整体上表现出温度响应性能。分子结构内一定比例的疏水基团与亲水基团，它们与水在分子内、分子间产生相互作用。低温时，聚 N -异丙基丙烯酰胺与水之间的相互作用主要是羰基及亚氨基与周围水分子间氢键的作用。由于氢键和范德华力的作用，大分子链周围的水分子将形成一周有氢键链接的、有序化程度较高的溶剂化壳层，此时聚 N -异丙基丙烯酰胺分子链与溶剂具有较好的亲和性，表现为溶解度较高，且氢键的矢量性使得聚合物分子链得以舒展，呈线团状，这个分子表现为亲水性。此时当温度升高至高于 LCST 后，聚合物与水分子间的相互作用参数会发生突变，其分子内及大分子间疏水相互作用加强，形成疏水层，部分氢键受到破坏，大分子链疏水部分的溶剂化层也被破坏，水分子从溶剂化层排出，表现为溶液发生相分离。分子中非极性的异丙基的疏水化作用占主导地位，从而使整个分子表现为疏水性，即聚合物链段上官能团的氢键效应和疏水效应是 PNIPAM 在水溶液中发生相转变的主要驱动力。

PNIPAM 的 LCST 为 32℃，当温度低于其临界溶解温度时，该聚合物具有很好的水溶性；当温度高于临界溶解温度时，溶液发生相分离。

PEG（图 4.7）作为一种典型的亲水性、无毒性、可生物降解和生物相容性部分，可以作为药物输送系统中的载体。此外，基于 PEG 壳的纳米结构可以避免蛋白质在生物介质中的吸附和细胞的黏附。采用 PEG 和 PNIPAM 分别作为亲水基团和疏水基团的表面活性剂通常可以形成以 PNIPAM 为核心、以 PEG 为外壳的胶束，其有以下应用：

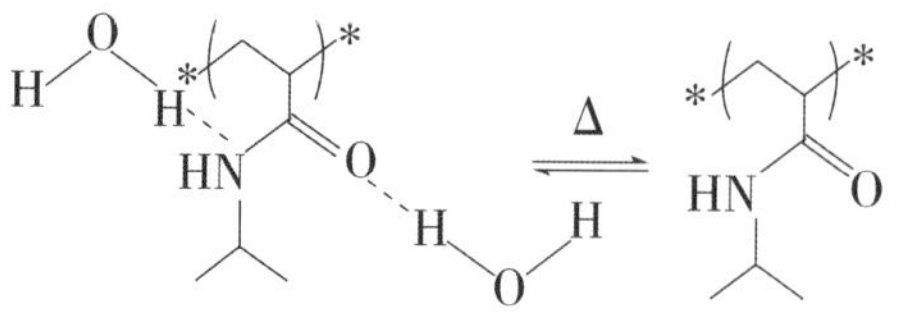

图 4.6　PNIPAM 结构式 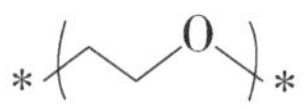　　　　　图 4.7　PEG 结构式

（1）CD-PCL-SS-PEG 是一种新的两亲性星形共聚物[22]，在其 Y 形壁的连接点处具有二硫键，可以进一步制成双温度和氧化还原响应的单分子胶束，用于药物输送。具有优良的细胞生物相容性，有可能被用作控制药物输送的智能纳米载体。

通过调节温度和谷胱甘肽（GSH）的变化来控制药物释放特性。CD-PCL-SS-PEG 具有独特的核壳结构，形成的结构稳定的单分子胶束具有疏水的 PCL 内核和亲水的 PEG 外壳。在高于 LCST 时升高温度，外壳中的热敏 PNIPAM 链经历了从亲水到疏水的快速过渡，PNIPAM 链的收缩可以产生更多的空间，从而快速封装药物；在 GSH 快速减少的环境中，Y 形臂连接处的二硫化物快速退化，从而允许药物触发释放。细胞培养研究表明，PNIPAM 共聚物具有较高的细胞吸收效率和良好的生物相容性，所以在纳米医学中药物输送方面具有极大的应用潜力。

（2）PEG 与 PNIPAM 通过单电子转移活性自由基聚合（SET-LRP）合成 AB₂型亲脂嵌段共聚物[23]。合成过程以 CuCl/Me₆TREN 为催化体系，以 DMF/H₂O（体积比为 3∶1）混合物为溶剂，通过 N-异丙基丙烯酰胺（NIPAM）的 SET-LRP 反应获得共聚物。这种嵌段共聚物的核壳结构可用作药物输送系统，并在核心装载疏水药物。用这种方法制备的嵌段共聚物具有可控制的分子量和窄分子量分布（PDI❶<1.15）。

（3）以聚乙二醇（PEG）、聚四氢呋喃（PTHF）和聚 N-异丙基丙烯酰胺（PNIPAM）为骨架可以合成热响应型两亲性 H 形聚合物，从而调节药物释放[24]。H 形聚合物由四个侧链组成，与一个主链的末端相连。主链为一个亲水的 PEG 段，四个侧链分别是两个疏水的PTHF 段和两个具有热响应的 PNIPAM 段。将热反应聚合物 PNIPAM 段引入两亲性 H 形聚合物，可以进一步增强自组装过程的可控性和由此产生的聚合物的功能。通过热刺激，可以有效地调节 H 形聚合物自组装的内部结构和尺寸。在温度低于 LCST 时，这种 H 形聚合物自组装成以 PTHF 为内核、混合 PEG/PNIPAM 为外壳的初级胶束，当温度高于 LCST时，转变成以 PTHF/PNIPAM 为内核、PEG 为外壳的大型复杂的胶束。

（4）PEG 和 PNIPAM 进行双交联生成一种可注射的水凝胶，作为伤口愈合的促进剂[25]。含有活性末端的 PEG 与共聚物 PNIPAM 之间发生顺序亲核取代反应，生成了凝胶分数高达 96%~99%、凝胶化时间为 1~4min 的化学交联水凝胶。通过流变实验证实，水凝胶在一定的生理温度下会发生硬化。水凝胶的凝胶化时间、水膨胀、力学性能和降解性取决于注射溶液中 PEG 与 PNIPAM 的比例。血小板的黏附和聚集以及纤维蛋白原的吸附

---

❶PDI 是聚合物分散性指数，用于描述聚合物分子量分布。

能力使这些水凝胶适用于伤口愈合。可注射水凝胶的主要优点是：反应温和，避免副反应，能够在远低于生理温度且温升低至约1℃/g的注射方案下执行。

（5）PEG-b-PNIPAM 用于防止溶剂蒸发过程中药物结晶，并当药物纳米颗粒发生悬浮时，使其稳定下来。目前，在表面活性剂或聚合物的存在下实现药物的热力学结晶是非常有必要的，而合理设计聚合物是问题的关键。用 NIPAM 和 PEG 通过常规自由基聚合法合成了 PEG-b-PNIPAM 共聚物[26]。利用 PEG-b-PNIPAM 可以在室温下从乙醇溶液中制备稳定的药物纳米颗粒。比如，用这种方法制备的酮洛芬纳米颗粒在固体和水悬浮液中都非常稳定，可长达9个月。该方法可用于生产用于口服或静脉注射的纳米颗粒或水溶性药物纳米颗粒悬浮液。

（6）以 PEG 为中间嵌段的 ABC 三嵌段共聚物可用作引发剂[27]。

具有聚乙二醇(PEG)中间嵌段的 ABC 三嵌段共聚物具有很好的生物相容性和亲水性，因此对生物医学应用具有很大的吸引力。当 PEG 链与纳米或微粒子结合时，它可以防止颗粒在水溶液中聚集，因此，PEG 常被用作 AB 双嵌段共聚物中的构建嵌段，用于生物医学材料的开发。

以 PEG 和 PNIPAM 为功能链段的温度响应型表面活性剂尚未有在原油采集方面的应用报道。PEG 具有无毒、水溶性好及其良好的应用性能；而温度响应型链段 PNIPAM 应用广泛，其 LCST 为32℃，在与亲水性链段结合后其 LCST 有不同程度提高，可以满足 LCST 处于地表温度(或原油凝点)与油藏温度之间的条件。

4.2.2　温度响应型表面活性剂的聚合物分子结构

表面活性剂是指加入少量能使其溶液体系的界面状态发生明显变化的物质。具有固定的亲水亲油基团，在溶液的表面能定向排列。表面活性剂的分子结构具有两亲性：一端为亲水基团，另一端为疏水基团。而温度响应型嵌段共聚物作为表面活性剂，也应具有表面活性剂的基本结构。

在聚合物的结构上，主要采取线型单嵌段共聚物或双嵌段共聚物。这类共聚物具有最简单的和最具代表性的分子结构，以它们为出发点进行研究可最大限度地简化问题，获得表面活性剂最基本的规律和作用机制，从而为复杂体系研究提供指导。单嵌段共聚物和双嵌段共聚物已被广泛应用于各个领域，合成技术相对成熟，可根据需要控制嵌段聚合物的分子量和分子组成。

作为温度响应型表面活性剂，结构上有两种选择：一端亲水性一端温度响应型链段和一端疏水性一端温度响应型链段(图4.8)。

由于采油流程中存在温度变化，需要大量的水将原油以乳化的方式从井下带出，因此，温度响应型聚合物需要有合适的温度转变点。在聚合物链段设计上可考虑温度响应型链段—亲水链段的两嵌段结构，或温度响应型链段—亲水链段—温度响应型链段的三嵌段结构。采油流程中，地下油田温度高于地表温度。温度响应型表面活性剂在地下采油过程中，乳化石油，以便石油更利于开采；

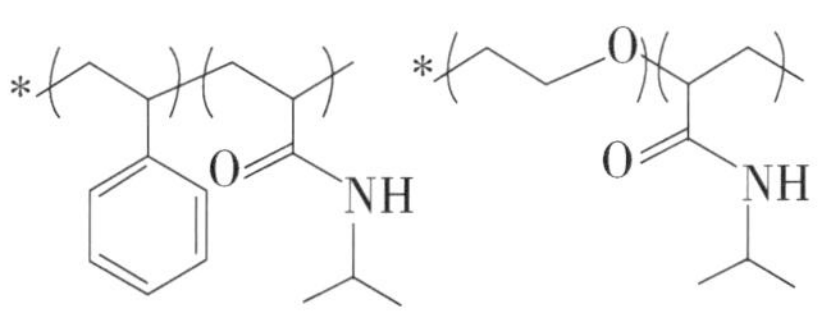

（a）一端亲水性一端温度响应型链段　（b）一端疏水性一端温度响应型链段

图4.8　可供选择的表面活性剂结构

而当乳液被开采到地表时，温度下降，此时温度响应型表面活性剂应失去表面活性，便于破乳，从而使乳液油水分离以便采集石油。

一端亲水性一端温度响应型链段的结构符合这种用途，只要具有 LCST 的温度响应型链段的 LCST 介于地表温度与油藏温度之间，在高温的油藏中温敏链段就会表现为疏水性，从而与亲水链段形成表面活性剂结构，乳化黏附在石壁上的石油，让石油更易开采；当乳液被采到地表时，由于温度降低到温度响应型链段的 LCST 以下，温度响应型链段转变为亲水性，从而失去表面活性，表面活性剂分子完全溶解在水中，乳液破乳导致油水分离，石油得以采集。

这种有序的表面活性剂双端结构在聚合物中可以通过嵌段共聚物来表现，即通过亲水性链段与温度响应型链段的链接来形成表面活性剂的双亲结构。

4.3 基于 PNIPAM 和 PEG 链段的温度响应型表面活性剂的合成与结构表征方法

4.3.1 表面活性剂的合成方法

高分子表面活性剂是一种水溶性链段与温敏型链段组成的嵌段共聚物，所以高分子表面活性剂的合成方法即是嵌段共聚物的合成方法[28]。

两亲性嵌段共聚物的合成方法有传统自由基聚合、离子聚合、基团转移聚合、开环聚合、活性自由基聚合、活性中心转移法和嵌段共聚物化学改性法等[29]。

4.3.1.1 传统自由基聚合[30]

自由基聚合(图 4.9)是目前应用最广泛的聚合方法，大约 60% 的聚合物由该方法合成。自由基聚合有很多优点，比如它适用单体范围广，对很多官能团和反应条件耐受性强，反应方便，反应条件温和以及价格低廉且易于实施。自由基聚合具有慢引发、快增长、速终止、有转移的特点，这也导致了其产物分子量分布相对较差的缺点[30]。

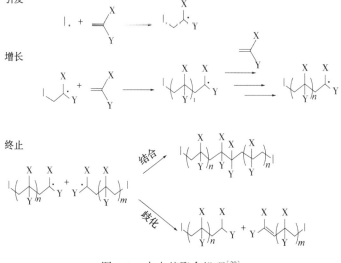

图 4.9　自由基聚合机理[30]

4.3.1.2　离子聚合[30]

离子聚合包括阴离子聚合和阳离子聚合。其中，阳离子聚合快引发、快增长、难终止、易转移的特点导致产物分子量普遍不高；而阴离子聚合(图4.10)慢引发、快增长、无终止、无转移的特点使其成为一种最早的活性聚合，也广泛应用于嵌段聚合中。但离子聚合反应条件苛刻，低温以及无水无氧的反应条件暂时还无法达到[30]。

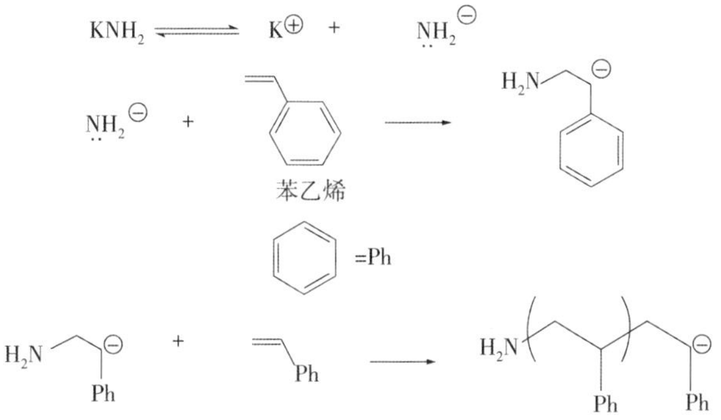

图4.10　阴离子聚合机理[30]

4.3.1.3　开环聚合[29-32]

开环聚合是指环状化合物单体经过开环加成转变为线型聚合物的反应(图4.11)。所选反应体系为烯类单体，不适用于开环聚合。亲水性链段PEG可以购买得到，如需合成可用开环聚合方法。

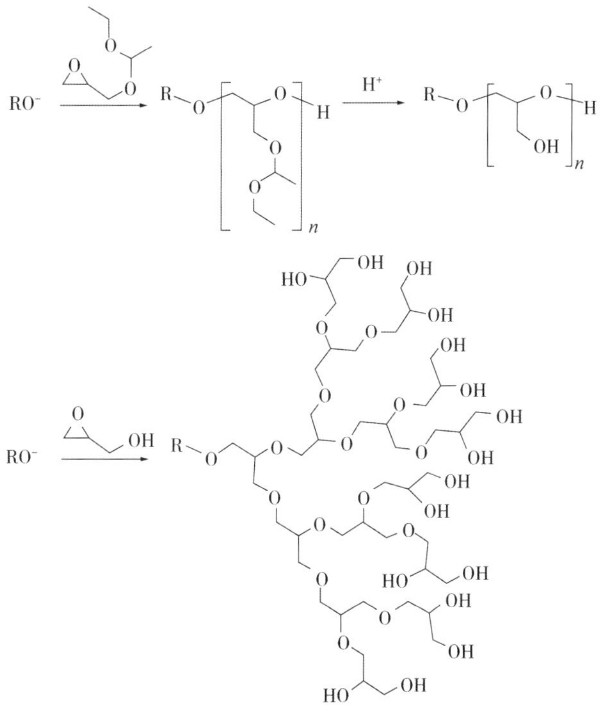

图4.11　开环聚合机理[32]

4.3.1.4　活性自由基聚合[30,33-40]

活性自由基聚合是近年发展起来的一类新型活性聚合方法。与其他类型聚合反应相比，它具有自由基聚合反应的条件温和(无须严格除水和除氧)和易于操作的优势，同时又具有活性聚合的特点，即不存在链转移和链终止等副反应，能够控制聚合物的一次结构，从而可以得到分子量分布极窄、分子量可控和结构明晰的聚合物，且可聚合多种类型的单体[30]。

原子转移自由基聚合包含了卤原子从卤化物到金属配合物(盐)，从金属卤化物转移至自由基的反复的转移过程。原子转移自由基聚合中，休眠种通过还原过渡金属配合物生成活性种，活性种从过渡金属配合物中得到的卤素原子生成休眠种，聚合链增长与一般的自由基聚合类似，少量的链终止反应主要来自自由基耦合和降解反应。通过过渡金属催化剂可调节聚合反应过程，从而控制原子转移自由基聚合反应。在原子转移自由基聚合过程中，引发剂的活化和失活，并不是等效的可逆过程。通过设计合适的催化剂(过渡金属化合物和配体)，选择适当结构的引发剂和聚合条件可有效控制聚合物的分子量、分子量分布、端基结构和侧基结构。并且可通过分子设计，合成具有多种功能结构的多组分及具有特殊拓扑结构的聚合物[39,40]。

4.3.1.5　单电子转移—活性自由基聚合

活性自由基聚合技术(LRP)是高分子聚合及改性研究领域重要的方法，包括氮氧自由基聚合(NMP)、可逆加成—断裂链转移聚合法(RAFT)和原子转移自由基聚合(ATRP)(图4.12至图4.14)，其中ATRP聚合的研究与应用最为广泛[33-38]。但是ATRP反应必须使用过渡金属盐作为催化剂，且去除较为困难；诸如氯乙烯、醋酸乙烯酯等活性较低的单体尚且无法通过ATRP反应进行聚合。Percec等[41]利用CuX/L在一些强极性溶剂中表现出的不稳定性，提出了一种新的准活性自由基聚合方法——单电子转移—活性自由基聚合(SET-LRP)。

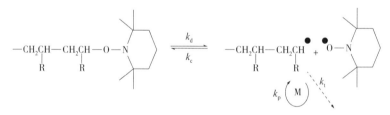

图4.12　NMP聚合

k_d—离解速率常数；k_c—耦合速率常数；k_p—自由基增长速率常数；k_t—自由基终止速率常数

SET-LRP的机理是基于Cu(I)在水溶剂中的歧化反应和Cu(0)通过外层电子转移使引发剂RX生成自由基离子[RX]⁻，自由基离子通过异裂生成自由基P·，从而引发单体聚合。SET-LRP的反应机理与ATRP十分相似，均涉及休眠种和活性种的动态平衡过程。如图4.15所示[42]，Cu(0)与含卤素原子的引发剂RX发生氧化还原反应，夺取引发剂分子的卤素原子，自身氧化为CuX/L。引发剂RX被还原为初级自由基P·后，单体在初级自由基上不断加成形成链自由基。与此同时，CuX/L也在溶剂化作用和配体的作用下迅速发生歧化反应，生成Cu(0)和钝化剂CuX₂/L。钝化剂CuX₂/L与链自由基Pₙ·发生氧化还原反应

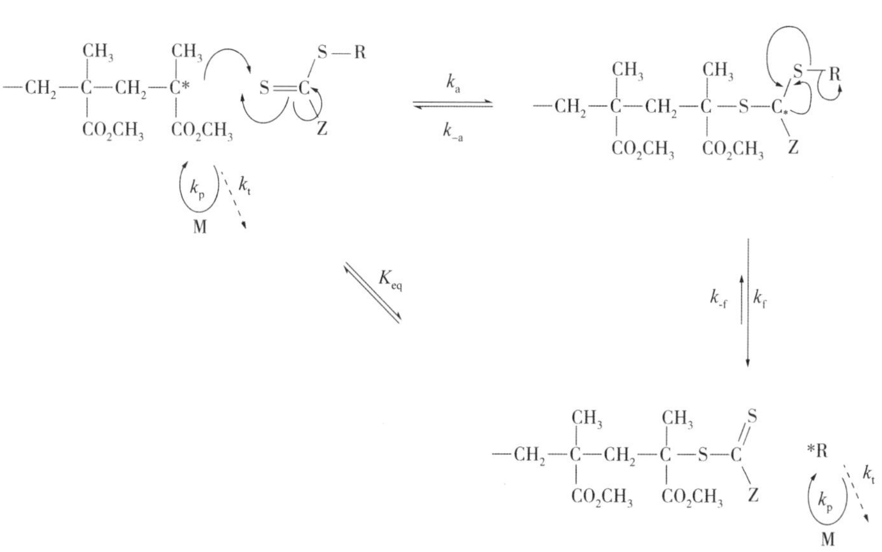

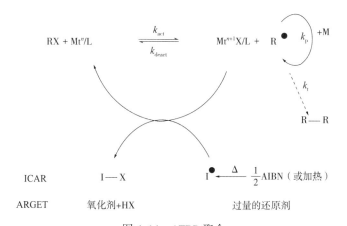

图 4.13　RAFT 聚合

k_p—自由基增长速率常数；k_t—自由基终止速率常数；k_a—双键加成速率常数；

k_{-a}—加成逆反应速率常数；k_f—自由基断裂速率常数；k_{-f}—自由基断裂逆反应速率常数；K_{eq}—反应平衡常数

图 4.14　ATRP 聚合

k_{act}—正反应速率常数；k_{deact}—逆反应速率常数；

ICAR—连续活化再生活化剂；ARGET—电子转移再生活化剂

生成稳定的休眠种 P_n–X，并产生 CuX/L。聚合体系中形成的自由基也可以与 CuX$_2$/L 链终止（类似于 ATRP 中的失活反应）。此外，自由基的双基终止反应也不可避免。

SET-LRP 反应应用于高分子的聚合与改性已日趋成熟。丁伟等[43]研究了有关 SET-LRP 的反应机理及反应条件，如催化体系、反应介质、单体、引发剂和配体等条件。目前应用于 SET-LRP 的催化剂仅限于过渡金属铜及其衍生物；只有能使 CuX/L 发生歧化反应的溶剂，才可应用于 SET-LRP 反应体系，如强极性非质子溶剂（DMSO、DMF、NMP 等）、强极性质子溶剂（醇类）、水等，这些溶剂在配体存在的条件下能够促进 CuX/L 的歧化，是 SET-LRP 反应的理想溶剂[2]；SET-LRP 反应中 Cu(I) 的歧化与配体密切相关，因此大

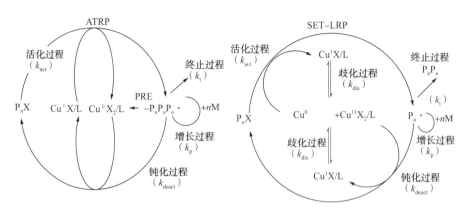

图 4.15 ATRP 和 SET-LRP 机理图

多使用能够与 Cu(Ⅰ)形成稳定四面体几何结构的配体，如联吡啶(bpy)、三(2-氨基乙基)胺(Me₆TREN)、N，N，N'，N'-甲基乙二胺等；卤代烃、芳基磺酰卤、烷基磺酰卤、$α$-卤代酯等均已成功用作 SET-LRP 的引发剂；丙烯酸酯类化合物是目前用于 SET-LRP 的最主要单体，近年来也陆续报道了酰胺类、苯乙烯、丙烯腈、甲基丙烯酸甲酯、乙酸乙烯酯等作为单体而进行的 SET-LRP 反应。

SET-LRP 具有其独有的优点[44]：(1)反应速率快，并且单体转化率高；(2)高温副反应增多，因此反应在室温或室温以下进行，避免了高温条件；(3)非均相催化体系，容易除去催化剂杂质；(4)单体适用广泛。

4.3.2 温度响应型表面活性剂表征方法

温度响应型嵌段共聚物的表征手段有核磁共振氢谱、凝胶渗透色谱、红外光谱、紫外—可见光谱法等。

4.3.2.1 核磁共振氢谱

核磁共振是利用核磁共振仪记录下原子在共振下的有关信号绘制的图谱。氢谱可提供化学位移、自旋偶合裂分情况(包括偶合常数)和各信号的积分面积等信息。其中，化学位移表示质子所处的化学环境，偶合裂分情况及偶合常数表示邻近质子的分配情况，各信号积分面积之比表示不同化学环境质子数目之比。通过测定聚合物的核磁共振氢谱，所获得的信号的位置判别不同类型的氢原子，由信号的裂分以及偶合常数来判别氢所处的化学环境，由信号的强度(峰面积)确定各组氢的相对比例。其吸收峰个数，为等效氢原子种数与吸收峰面积之比，为各种等效氢原子个数的最简整数比。

在聚合物中，通常端基氢的数量是已知的，通过原料的核磁共振氢谱与产物的核磁共振氢谱对比可以分辨各峰所属环境的氢原子，再根据已知氢原子的数量、峰面积以及未知氢原子的峰面积，即可推断出未知氢原子的数量，进一步则可求出其聚合度。

聚合物表面活性剂是以 PEG-Br 为大分子引发剂，其分子量为 2000，可计算出其聚合度为 45，聚合后的产物为 PEG-b-PNIPAM，则可根据产物中 NIPAM 部分的氢原子峰面积求出其聚合度，进而确定产物聚合物的结构。

4.3.2.2 凝胶渗透色谱

凝胶渗透色谱让被测量的高聚物通过化学惰性的凝胶填充的色谱柱，通过时，较大的分子(体积大于凝胶孔隙)被排除在粒子的小孔之外，只能从粒子间的间隙通过，速率较快；而较小的分子可以进入粒子中的小孔，通过的速率要慢得多；中等体积的分子可以渗入较大的孔隙中，但受到较小孔隙的排阻，介乎上述两种情况之间。经过一定长度的色谱柱，分子根据分子量被分开，分子量大的在前面(即淋洗时间短)，分子量小的在后面(即淋洗时间长)。由于产物聚合物的聚合度不可能完全一致，因而核磁共振氢谱只能计算出聚合物的平均分子量，通过凝胶渗透色谱来分析产物的分子量分布。

4.3.2.3 红外光谱

红外光谱是分子能选择性吸收某些波长的红外线，引起分子中振动能级和转动能级的跃迁，检测红外线被吸收的情况可得到物质的红外吸收光谱，又称分子振动光谱或振转光谱。在有机物分子中，组成化学键或官能团的原子处于不断振动的状态，其振动频率与红外光的振动频率相当。因此，用红外光照射有机物分子时，分子中的化学键或官能团可发生振动吸收，不同的化学键或官能团吸收频率不同，在红外光谱上将处于不同位置，从而可获得分子中含有何种化学键或官能团的信息。因此，红外光谱可用于聚合物中所含官能团种类的分析。

4.3.2.4 紫外—可见光谱法

温度响应型表面活性剂的水溶液，当温度升高至 LCST 时，会出现可逆的溶解—沉淀现象，通过紫外—可见光谱法测定物质的 LCST。均聚物在可见光部分透过率变化较小。

4.4 基于原子转移自由基聚合的温度响应型表面活性剂合成

原子转移自由基聚合方法速度快，反应温度适中，适用单体范围广，分子设计能力强，甚至可以在少量氧的存在下进行，故该方法是现有其他活性聚合方法无可比拟的。因此，可采取原子转移自由基聚合方法制备温度响应型表面活性剂[45]。

4.4.1 合成原理

嵌段共聚物的合成是根据 ATRP 机理，所得聚合物一端为引发剂 RX(X 为 Cl 或 Br)碎片 R，而另一端为卤素原子，且该卤素原子十分稳定，即使在大气环境下进行精制处理也不受影响。因此，将其作为大分子引发剂重新引发第二单体的 ATRP，从而得到嵌段共聚物。

利用 2-溴异丁酰溴与 PEG 发生取代反应，将 PEG 的端羟基取代为溴，即制成 ATRP 反应的大分子引发剂。聚合过程则以大分子引发剂引发异丙基丙烯酰胺的 ATRP 聚合，最终制备嵌段共聚物[46]。

4.4.1.1 原子转移自由基聚合的催化剂

原子转移自由基聚合的催化剂由可变价的金属离子与配体两部分组成，金属离子选用

ATRP 最为常见的亚铜催化剂，通过一价铜离子与二价铜离子的可逆反应催化 ATRP 进行聚合反应[47]。配体的主要作用为使铜离子催化剂溶解于溶剂中。本方法选用水与 DMF 的混合溶剂，故选用五甲基二亚乙基三胺和三[2-(二甲氨基)乙基]胺作为配体，而非有机系中常用的 2,2-联吡啶作为配体[48,49]。而三[2-(二甲氨基)乙基]胺作为配体时活性远高于五甲基二亚乙基三胺，故选用三[2-(二甲氨基)乙基]胺作为配体，即采用溴化亚铜-三[2-(二甲氨基)乙基]胺体系作为催化剂。

4.4.1.2　PEG 大分子引发剂

　　PEG 的端羟基与 2-溴代异丁酰溴发生亲核取代反应，将端羟基取代为含溴原子的端基，以便进行下一步 ATRP 聚合反应。由于 2-溴代异丁酰溴遇水分解为 2-溴代异丁酸，反应体系采用无水 THF 为溶剂，并通过加入三乙胺中和反应所产生的副产物 HBr，维持体系 pH 稳定。

　　单端 PEG 大分子引发剂合成反应：

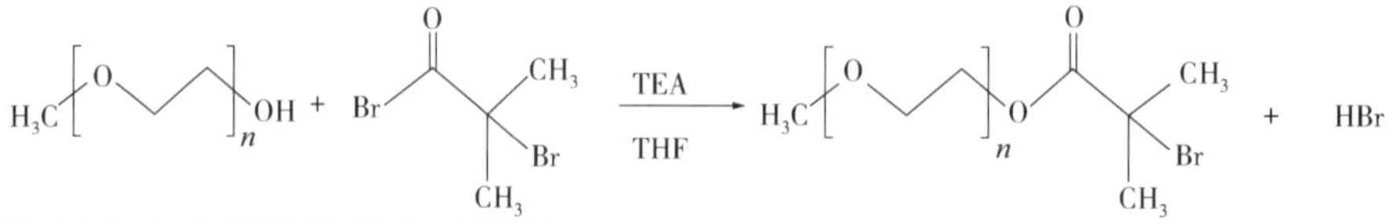

　　双端 PEG 大分子引发剂合成反应：

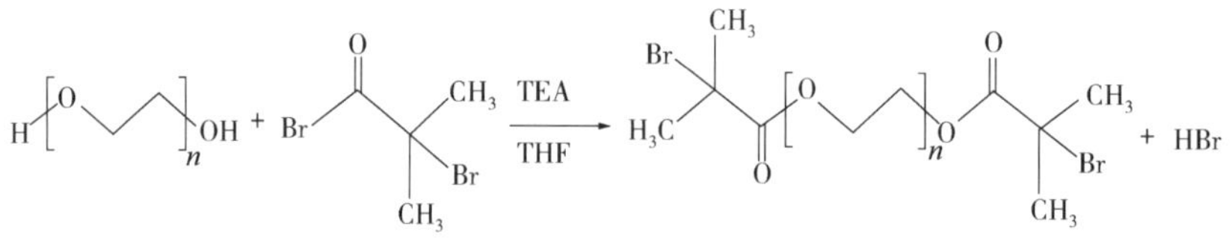

4.4.1.3　ARTP 聚合

　　大分子引发剂的端基溴被亚铜催化剂还原为溴离子脱离，产生 PEG 的自由基，进行自由基聚合反应。亚铜离子与溴原子生成铜离子与溴离子的反应为可逆反应，可以控制体系中自由基浓度，进而控制自由基聚合速率，使产物分子量分布更窄。

　　PEG-b-PNIPAM 嵌段共聚物合成反应：

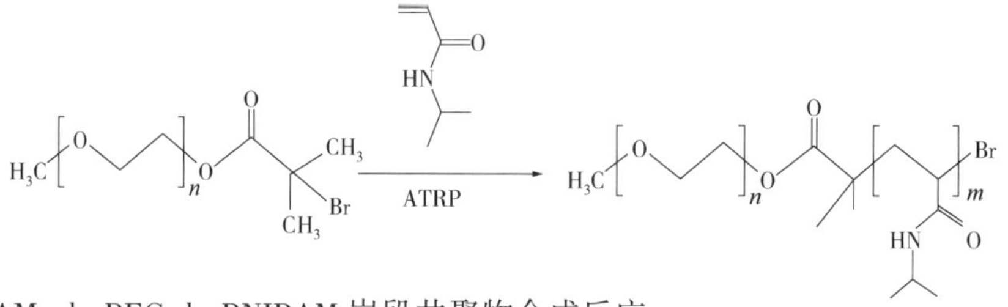

　　PNIPAM-b-PEG-b-PNIPAM 嵌段共聚物合成反应：

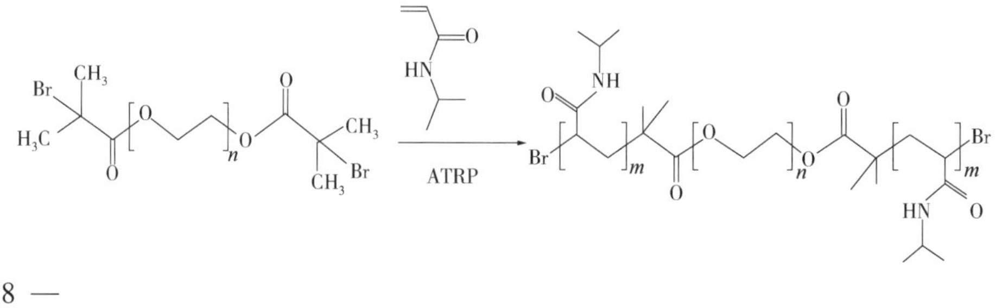

4.4.2　引发剂的合成与表征

4.4.2.1　引发剂的合成

PEG-Br 按以下步骤合成：

（1）在圆底烧瓶中加入一定量的单端/双端羟基 PEG，按 PEG(mmol)：三乙胺(mmol)：THF(mL)=1：3：10 的比例加入三乙胺和 THF，加热使其溶解。

（2）恒压滴液漏斗中加入一定量的 THF，并按原料 PEG 加入量的 1 倍或 2 倍量滴入溴代异丁酰溴，分别合成单端或双端 PEG 大分子引发剂。

（3）冰浴下，将恒压滴液漏斗中液体以 1 滴/s 的速率滴入圆底烧瓶中。滴加完成后撤去冰浴，在 30℃下反应 24h。

（4）反应结束后将液体过滤，除去反应中生成的剧产物三乙胺氢溴酸盐。后将过滤所得滤液旋蒸，除去大部分的四氢呋喃溶剂。

（5）将所得浓缩液滴入低温乙醚中沉淀，除去溶于乙醚的小分子杂质。抽滤后的滤饼经真空干燥即得聚乙二醇大分子引发剂。

4.4.2.2　引发剂表征

合成的单端和双端大分子引发剂产物均为白色/淡黄色粉末。图 4.16 为单端 PEG 大分子引发剂在 CDCl$_3$ 中的 ^{1}H NMR 谱图。图 4.17 为双端 PEG 大分子引发剂在 CDCl$_3$ 中 ^{1}H NMR 谱图。

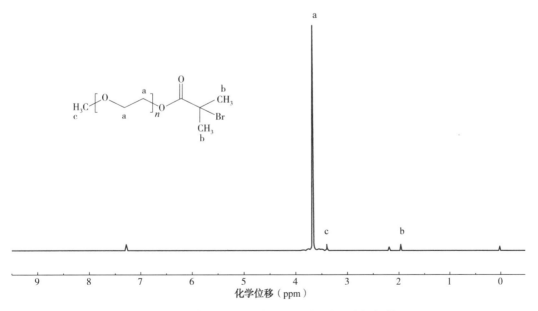

图 4.16　单端 PEG 大分子引发剂的核磁共振氢谱

图 4.16 中，3.63ppm(峰 a)吸收峰对应于 PEG 链段亚甲基的吸收峰，1.94ppm(峰 b)吸收峰对应于溴异丁酰溴中甲基的吸收峰，其中每个 PEG 链段含有 4 个 H，其聚合度为 45；而端基溴异丁酰溴中的甲基有 6 个 H，通过峰 a 与峰 b 峰面积之比可以计算出反应的

转化率。

$$\frac{S_{PEG}}{S_{Br}} = \frac{4 \times 45}{6X}$$

理论上，当转化率为1时单端引发剂PEG与Br峰面积之比为30∶1。通过峰面积之比可计算合成转化率 X。

将用PEG单甲醚为原料合成的大分子引发剂改为用双端皆为羟基的PEG为原料合成。合成方法与单端引发剂相同。图4.17中，3.63ppm(峰a)吸收峰对应于PEG链段亚甲基的吸收峰，1.94ppm(峰b)吸收峰对应于溴异丁酰溴中甲基的吸收峰，其中每个PEG链段含有4个H，其聚合度为45；而两个端基均为溴异丁酰溴，甲基共有12个H，通过峰a与峰b峰面积之比可以计算出反应的转化率。

$$\frac{S_{PEG}}{S_{Br}} = \frac{4 \times 45}{12X}$$

理论上，双端引发剂PEG与Br峰面积之比为15∶1。

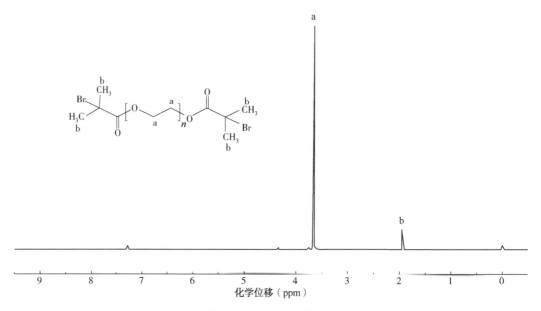

图4.17　双端PEG大分子引发剂的核磁共振氢谱

图4.17中的PEG双端引发剂的转化率为93.55%。未反应的PEG不会参与之后的ATRP聚合反应，而其分子量小于3500。杂质将在透析提纯过程中被清除。

4.4.3　嵌段聚合物的合成与表征

4.4.3.1　嵌段聚合物的合成过程

嵌段聚合物合成按以下步骤进行：

（1）将所获得的PEG-Br引发剂按引发剂(mmol)∶NIPAM单体(mmol)∶Me₆TREN配体(mmol)∶DMD水溶液(mL)= 0.1∶10∶0.1∶2的比例混合，于真空反应管中溶解。

（2）抽去体系中氧气，充入氮气。

（3）将 CuBr 催化剂按 NIPAM 单体用量的 1/100，在氮气条件下加入反应体系，再抽去体系中氧气，充入氮气。在 30℃ 油浴中反应 4h。

（4）产物在水中用截留分子量为 3500 的透析袋透析 72h，每 6h 换一次水，透析结束后，在室温下真空干燥 24h。

4.4.3.2　嵌段聚合物 PEG-b-PNIPAM 的表征

采用单端 PEG 大分子引发剂，合成含有 PEG 和 PNIPAM 的嵌段温度响应型聚合物 PEG-b-PNIPAM，该产物为淡黄色颗粒。

在图 4.18 中，3.63ppm（峰 a）吸收峰对应于 PEG 链段亚甲基的吸收峰，1.16ppm（峰 b）吸收峰对应于 PNIPAM 中—CH(CH$_3$)$_2$ 中甲基（—CH$_3$）上氢的吸收峰。由于第一段产物 PEG 的聚合度已确定，然后根据峰 a 与峰 b 的峰面积之比即可计算 PNIPAM 链段的聚合度。

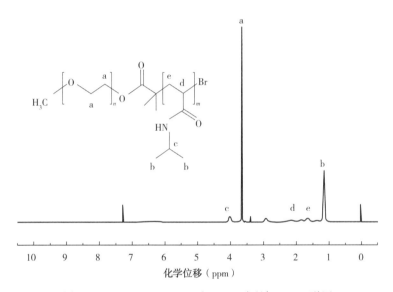

图 4.18　PEG-b-PNIPAM 在 CDCl$_3$ 中的 ^{1}H NMR 谱图

$$\frac{S_{\text{PEG}}}{S_{\text{PNIPAM}}} = \frac{4 \times 45}{6n}$$

式中　S_{PEG} 和 S_{PNIPAM}——PEG 链段特征吸收峰亚甲基峰的面积及 PNIPAM 链段中特征吸收峰面积；

　　　　n——PNIPAM 的聚合度。

由表征可计算出该嵌段共聚物 PEG 与 PNIPAM 的聚合度分别为 45 和 59。

图 4.19 为 PEG-b-PNIAPM、PEG-Br 以及异丙基丙烯酰胺单体的 FTIR 谱图。图 4.19(c) 中异丙基丙烯酰胺特征吸收峰主要有 3500～3100cm^{-1} 的 N—H 伸缩振动吸收、1680～1630cm^{-1} 的 C＝O 伸缩振动吸收以及 1420～1400 cm^{-1} 的 C—N 伸缩振动吸收。而最终产物的傅里叶变换红外光谱（FTIR）如图 4.19(a) 所示，亦有异丙基丙烯酰胺的特征吸收峰，说明异丙基丙烯酰胺已聚合到大分子引发剂上。

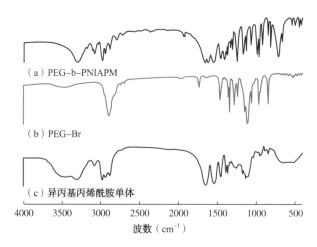

图 4.19　原料、引发剂及单嵌段聚合物的 FTIR 谱图

4.4.3.3　嵌段共聚物 PNIPAM-b-PEG-b-PNIPAM 表征

合成所获的嵌段温度响应型聚合物产品。该产物为白/蓝色固体颗粒。

图 4.20 为该产物在 $CDCl_3$ 中的 ^{1}H NMR 谱图。通过 PEG 双端引发剂引发 ATRP 反应，由于 ATRP 聚合的可控性，两 PNIPAM 嵌段近似等长。其中，3.63ppm（峰 a）吸收峰对应于 PEG 链段亚甲基的吸收峰，1.16ppm（峰 b）吸收峰对应于 PNIPAM 中—CH（CH_3）$_2$ 中甲基（—CH_3）上氢的吸收峰。根据第一段产物 PEG 的聚合度，通过峰 a 与峰 b 的峰面积之比，即可计算获得 PNIPAM 链段的聚合度。

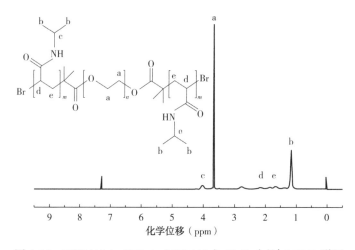

图 4.20　PNIPAM-b-PEG-b-PNIPAM 在 $CDCl_3$ 中的 ^{1}H NMR 谱图

由图 4.20 可以计算出该嵌段共聚物 PEG 与 PNIPAM 的聚合度分别为 45 和 49，即每个 PNIPAM 嵌段约有 25 个链节。

图 4.21 为 PNIPAM-b-PEG-b-PNIAPM、Br-PEG-Br 以及异丙基丙烯酰胺单体的 FTIR 谱图。由图 4.21（a）中可以看出，3500～3100cm^{-1} 的 N—H 伸缩振动吸收，1680～1630cm^{-1} 的 C═O 伸缩振动吸收以及 1420～1400 cm^{-1} 的 C—N 伸缩振动吸收，这些峰为异

丙基丙烯酰胺特征吸收峰。而最终产物的 FTIR 如图 4.21(b)所示，谱图中存在异丙基丙烯酰胺的特征吸收峰，说明异丙基丙烯酰胺成功地聚合到了大分子引发剂上。

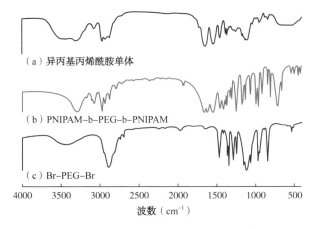

图 4.21　原料、引发剂及产物的 FTIR 谱图

4.5　基于单电子转移—活性自由基聚合(SET-LRP)的 PNIPAM 合成[50]

4.5.1　合成原理

单电子转移—活性自由基聚合方法解决了原子转移自由基聚合反应速率慢、产物分子量分布宽的问题，成为水溶性大分子聚合的一个十分有力的工具。该方法在室温下只需要几分钟即可获得很高的转化率，但其只可使用小分子引发剂引发。

单电子转移—活性自由基聚合以溴化亚铜为催化剂，在配体 Me_6TREN 的作用下于水中歧化为铜粉和二价铜离子。其中，铜粉作为催化剂引发聚合反应发生，引发速度相较于溴化亚铜更快，且由于反应初期即有大量歧化产生的二价铜离子作为失活剂，反应初期不会发生聚合过快而影响分子量分布的情况。铜粉作为催化剂还原引发剂上的端基溴形成溴离子，生成溴化亚铜与一个自由基，自由基引发自由基聚合，而二价铜离了又作为失活剂将一个溴离子氧化为溴自由基来阻止自由基聚合，自己则被还原为亚铜离子。经由被氧化的铜粉和二价铜被还原产生的亚铜离子与配体结合再次歧化为铜和二价铜，进而实现催化剂和失活剂的补充。活化与失活的动态平衡，实现了这种可控的自由基聚合。

4.5.2　合成方法

将水(2mL)和 Me_6TREN[三(2-二甲氨基乙基)胺，9μL，0.035mmol]在真空反应管(1 号)中除气后转移到另一个装有溴化亚铜(10mg，0.07mmol)的充满氮气的真空反应管(2 号)中，室温下搅拌 30min 后浸入冰水浴中。

另在一真空反应管(3 号)中加入水(3.5mL)、2,3-二羟基丙基 2-溴 2-甲基丙酸酯

(21mg, 0.087mmol)和 NIPAM(0.79g, 7mmol)。真空抽气充氮后将溶液转移到真空反应管（2 号）中，0℃下搅拌反应 30min，即可得到聚合度为 100 的 PNIPAM 均聚物。

4.5.3 合成产物表征

^{1}H NMR 分析根据产物中的乙烯基峰来计算整个聚合反应的转化率。通过凝胶渗透色谱来确定聚合物产物的聚合度和分子量分布。文献中该反应在 15min 内达到了 96%的转化率，在 30min 即可达到完全转化；而经过凝胶渗透色谱得到的产物分子量为 11800，分子量分布为 1.10。

4.6 改进的单电子转移—活性自由基聚合法合成 PEG-b-PNIPAM

迄今为止，聚（N-异丙基丙烯酰胺）（PNIPAM）的 LCST 在水中表现在 32℃左右，是生物应用中研究最多的温度响应型聚合物。这种聚合物的 LCST 接近体温，而且其对于环境条件相对不敏感，pH、浓度或化学环境的轻微变化几乎不影响 PNIPAM 的 LCST[51]。采用原子转移自由基聚合法合成的 PEG-b-PNIPAM[52]表面活性剂的 LCST 可达到 38 ℃。目前，尚无更高 LCST 的聚乙二醇-b-聚（N-异丙基丙烯酰胺）表面活性剂的文献报道。

原子转移自由基聚合采用溴化亚铜为催化剂，反应速率慢，产物分子量分布宽；而单电子转移—活性自由基聚合采用溴化亚铜在水中歧化，采用铜粉作为催化剂引发，虽然解决了原子转移自由基聚合反应速率慢、产物分子量分布宽的问题，但其只可使用小分子引发剂引发。若使用小分子引发剂引发的单电子转移—活性自由基聚合，则只能合成 PEG-b-PNIPAM 中的 PNIPAM 链段，而不能合成 PEG 链段；且该体系聚合过程中残余氧气还会与自由基反应生成稳定的氧自由基，阻碍反应进行，并存在溴化亚铜催化剂在空气中不稳定等问题。

采用改进的单电子转移—活性自由基聚合（SET-LRP）方法，一方面，通过溴化铜原位还原产生溴化亚铜进行反应，而非直接使用在空气中不稳定的溴化亚铜催化剂原料，以提高反应的稳定性；另一方面，还原剂抗坏血酸的使用，能够还原体系中未除尽的残余氧气，防止氧气在反应过程中形成稳定的氧自由基，进而阻聚自由基聚合反应，使得反应体系有了一定的氧气耐受性。使用大分子引发剂代替传统小分子引发剂也能进一步扩展嵌段共聚物的种类。通过反应条件的调控，合成的温度响应型表面活性剂聚乙二醇-b-聚（N-异丙基丙烯酰胺）进一步提高 LCST，以满足较高温度下实现破乳和乳化的特殊环境要求。

4.6.1 合成方法

改进的 SET-LRP 合成方法由聚乙二醇大分子引发剂的合成和 PEG-b-PNIPAM 的合成两步主要反应构成。

4.6.1.1 聚乙二醇大分子引发剂制备

聚乙二醇大分子引发剂的合成反应方程式为：

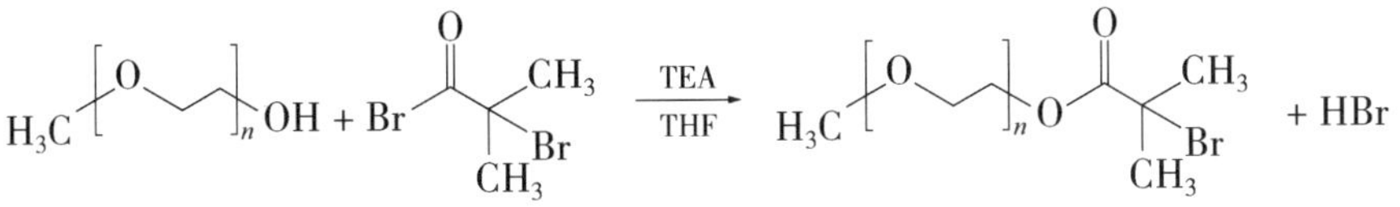

将聚乙二醇和三乙胺(TEA)溶解于四氢呋喃(THF)中,冰水浴搅拌,滴入 2-溴异丁酰溴的四氢呋喃溶液进行反应;其中,聚乙二醇与 2-溴异丁酰溴的物质的量比为 1∶(2~4);2-溴异丁酰溴与三乙胺的物质的量比为 1∶(1~2),聚乙二醇与 2-溴异丁酰溴反应在冰水浴(0~15℃)中进行,以防止反应过快导致温度升高,副反应加剧。反应时间 24~48h。

反应结束后将液体过滤,取滤液减压蒸馏除去大部分四氢呋喃,剩余液体在低温乙醚(-20~0℃)中沉淀;抽滤除去乙醚,将沉淀干燥即得聚乙二醇大分子引发剂。

获得的聚乙二醇大分子引发剂采用减压蒸馏方法提纯。其中,操作压力为 1~100kPa,温度为 30~100 ℃。

4.6.1.2　聚乙二醇-b-聚(N -异丙基丙烯酰胺)的合成制备

PEG-b-PNIPAM 的合成反应方程式为:

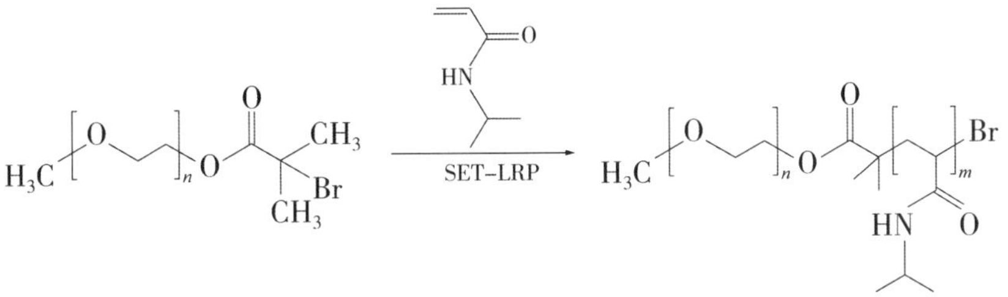

将含有聚乙二醇大分子引发剂和 N -异丙基丙烯酰胺单体的水溶液以及含有溴化铜、抗坏血酸和三(2-二甲氨基乙基)胺的水溶液分别进行除氧;在冰浴中将两者混合进行反应;反应结束后,反应液经透析、干燥即得产物 PEG-b-PNIPAM。其中,溴化铜与抗坏血酸的物质的量比为 1∶(0.8~1.2);溴化铜与三(2-二甲氨基乙基)胺的物质的量比为 1∶(0.5~3);乙二醇大分子引发剂与溴化铜的物质的量比为 1∶2~10∶1;

还原剂抗坏血酸与溴化铜反应原料配料比根据除氧后水中残余氧气量而定,配体三(2-二甲氨基乙基)胺与溴化铜加料比应高于配位反应化学计量比,以使铜催化剂完全形成络合物。

聚乙二醇大分子引发剂与 N -异丙基丙烯酰胺单体物质的量比决定了 N -异丙基丙烯酰胺聚合度,合成时, N -异丙基丙烯酰胺按其目标聚合度理论加料量的 0.8~1.2 倍加料。

反应前必须对催化体系及原料分别进行除氧操作。除氧采用常用的抽气充保护气的操作。抽气操作压力为 20~1000Pa,时间 5~30min,抽气—充保护气操作重复次数 1~5 次。保护气可选氮气或氩气。此外,聚合反应过程需要及时移除生成的热量,移热介质温度控制在 0~20℃。

聚合物 PEG-b-PNIPAM 的粗产品采取蒸馏水透析提纯。其中,截留分子量为 3000,透析时间 2~14d,换水频率每 2~24h/次。最终产物通过冷冻干燥获得,冷冻干燥压力为 15~1000Pa,温度为 -50~-20℃,干燥时间为 6~48h。

4.6.2 合成产物表征

图 4.22 和图 4.23 分别为采用改进的 SET-LRP 方法合成的嵌段温度响应型聚合物 PEG-b-PNIPAM 在 CDCl₃ 中的 ¹H NMR 谱图和 FTIR 谱图。

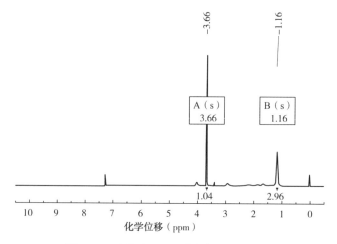

图 4.22　产物在 CDCl₃ 中的 ¹H NMR 谱图

图 4.22 中，三(2-二甲氨基乙基)胺单体特有的烯基氢含量为 0，即产物液中不含有未反应的三(2-二甲氨基乙基)胺单体，说明聚合反应完全。3.66ppm（峰 A）吸收峰对应于 PEG 链段亚甲基的吸收峰，1.16ppm（峰 B）吸收峰对应于 PNIPAM 中—CH(CH₃)₂ 中甲基(—CH₃)上氢的吸收峰。该产物为 PEG₄₅-b-PNIPAM₇₅。

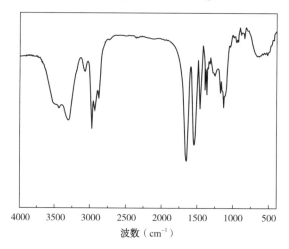

图 4.23　产物的 FTIR 谱图

在 FTIR 谱图中，存在异丙基丙烯酰胺特征吸收峰：3500~3100cm⁻¹ 的 N—H 伸缩振动吸收，1680~1630cm⁻¹ 的 C ═O 伸缩振动吸收以及 1420~1400cm⁻¹ 的 C—N 伸缩振动吸收。结果进一步证明获得了 PEG-b-PNIPAM 产物。

通过调整各原料使用量可获得不同链段聚合度的产品(表 4.2)。

表 4.2   不同链段聚合度的 PEG-b-PNIPAM 合成的主要原料用量

序号	引发剂 （mmol）	NIPAM （mmol）	抗坏血酸 （mmol）	溴化铜 （mmol）	三(2-二甲氨基乙基)胺 （mmol）	产物
1	2.50	250	1.00	2.50	5.00	$PEG_{45}-b-PNIPAM_{100}$
2	3.34	250	1.34	3.34	6.68	$PEG_{45}-b-PNIPAM_{75}$
3	5.00	250	2.00	5.00	10.00	$PEG_{45}-b-PNIPAM_{50}$
4	10.00	350	4.00	10.00	20.00	$PEG_{45}-b-PNIPAM_{35}$
5	5.00	85	2.00	5.00	10.00	$PEG_{45}-b-PNIPAM_{17}$

4.7   温度响应型表面活性剂的性能

4.7.1   表面活性剂界面性能的研究方法

聚 N-异丙基丙烯酰胺是一种具有温度响应特性的水溶性高分子，其在水中的溶解性能具有负温度系数。即在室温下澄清透明的聚 N-异丙基丙烯酰胺水溶液，被加热至 32℃时，体系分相，溶液浑浊；当体系温度降低至 32℃以下时，体系再次恢复澄清。这一过程完全可逆。该性能是由于水溶液中，聚 N-异丙基丙烯酰胺分子中存在两种作用力：（1）羰基及亚氨基和周围水分子的氢键作用；（2）聚 N-异丙基丙烯酰胺分子中异丙基间的疏水作用力。温度较低时氢键起主要作用，表现为聚 N-异丙基丙烯酰胺能溶于水，温度升高时氢键被破坏，疏水力的作用加强，当温度达到 LCST 之上时，聚合物链段与水发生相分离，导致聚合物析出；反之，当温度降低至 LCST 及以下时氢键的作用使其溶解于水中。以聚 N-异丙基丙酰胺为温敏链段，在其分子结构中，引入其他单体结构后，亲水基团与水分子的亲和力和异丙基疏水链段疏水力的相对大小发生变化时，化合物的 LCST 将会发生变化。且当聚 N-异丙基丙烯酰胺的分子量大于 $5×10^4$ 时，分子量对于 LCST 没有明显影响，其物理化学性质在很大程度上依赖于其化学结构[53]。

对于含有 N-异丙基丙烯酰胺和聚乙二醇链段的温度响应型表面活性剂，具有不同的 PNIPAM 和 PEG 链段聚合度以及不同的温度响应特性。嵌段聚合物的 LCST 及其作为表面活性剂的乳化性能是该类表面活性剂应用的基础。

4.7.1.1   LCST 性能

采用可控温的紫外—可见光谱仪进行测量。实验装置如图 4.24 所示。

图 4.24   温度可控紫外—可见分光光度计装置图

配制不同浓度的 PEG-b-PNIPAM 或 PEG-b-PNIPAM-b-PEG 溶液，将溶液倒入玻璃比色皿中，测定其在指定波长下不同温度的吸光度变化。根据吸光度变化的突变点确定该聚合物的 LCST。研究中，测定连续升温的聚合物溶液在不同温度时可见光区 500nm 波长下的吸光度。

4.7.1.2 乳化性能测试

配制系列不同表面活性剂浓度、不同水油比的液体，在温度高于 LCST 条件下，用均质机进行乳化，停止乳化后保持温度不变，测定一定时间之后乳液的出水与出油情况。

配制系列不同表面活性剂浓度、不同水油比的液体，在温度高于 LCST 条件下，用均质机进行乳化，迅速降温到 LCST 以下，测定一定时间之后乳液的出水与出油情况。

配制相同水油比、相同表面活性剂的不同浓度溶液，在温度高于 LCST 条件下，进行乳化，测定表面活性剂溶液的乳化能力与浓度的关系。一定时间后，迅速降温到 LCST 以下，测定一定时间之后乳液的出水与出油情况。

配制相同浓度、相同水油比、不同表面活性剂种类的液体，在不同温度下进行乳化，测定固定温度下一定时间之后不同表面活性剂的乳液出水与出油情况。

4.7.2 温度响应型表面活性剂的低临界溶解温度

4.7.2.1 单端 PEG-b-PNIPAM

嵌段共聚物 PEG-b-PNIPAM 水溶液浓度为 0.5121g/L，其在不同温度下的吸光度在图 4.25 中以实线表示。采取温度逐渐升高和温度逐渐降低方式测定溶液吸光度。其中，升温速率约为 2.75℃/min，降温速率 1.72℃/min。

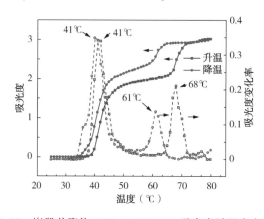

图 4.25　嵌段共聚物 PEG-b-PNIPAM 吸光度随温度变化图

测试结果显示，嵌段共聚物（PEG 聚合度 45，PNIPAM 聚合度 59）的水溶液在测试温度范围内的吸光度随温度变化分为三个阶段：在 25～40℃ 范围内共聚物水溶液的吸光度接近于 0 且无变化，说明此时共聚物完全溶于水；无论采取升温方式还是降温方式，均出现了吸光度明显变化，且变化趋势完全一致。由于升温速率与降温速率存在差异，测定结果存在一定差异。通过对吸光度变化率随温度变化的进一步计算分析（图 4.25 中虚线）可以看出，吸光度在随温度变化过程中，其吸光在 41℃ 附近和在 61～68℃ 附近溶液的吸光度产生突变，即出现了共聚物溶解性能的变化。在升温过程中，当温度不低于41℃时，吸光度由0迅速上升，聚合物的溶解状态发生转变，由溶解转为不溶。此共聚物的LCST约为41℃。

当温度不低于68℃后溶液的吸光度出现第二次明显增加，溶液的溶解度快速下降。结果表明，嵌段共聚物PEG-b-PNIPAM具有明显的温度响应性能。并且两次溶液吸光度的明显变化也证明了PNIPAM和PEG片段均具有温度响应性能。PNIPAM片段中羰基及亚氨基与周围水分子形成的氢键作用，PEG片段本身亦能与周围的水分子形成氢键。在较低温度区间41℃附近容易断裂，使其水溶液在此温度范围表现出其溶解性发生明显变化，当温度升高至40℃附近时，聚合物的水溶性由溶解转为不溶，出现最低临界溶解温度。该物质的LCST高于均聚物PNIPAM的LCST(32℃)，是由于受到聚合物结构中PEG片段影响的结果。而温度在61~68℃附近，PEG片段与水分子间形成的氢键发生断裂，当温度超过68℃后该共聚物的溶解性表现为第二次明显下降。

制备的不同PNIPAM聚合度的PEG-b-PNIPAM聚合物的吸光度随温度变化，如图4.26所示，亦具有相同趋势。表4.3为测试获得的不同PNIPAM聚合度的聚合物样品的LCST结果。随着聚合物中PNIPAM含量的减少，聚合物的LCST逐渐升高，最高可以达到65℃。

表4.3 嵌段聚合物PEG-b-PNIPAM的LCST

序号	PEG聚合度	PNIPAM聚合度	LCST(℃)
1	45	100	39
2	45	75	40
3	45	50	41
4	45	35	45
5	45	15	65

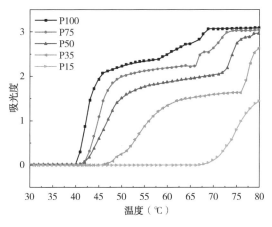

图4.26 不同聚合度嵌段共聚物PEG-b-PNIPAM吸光度随温度变化图

4.7.2.2 双端 PNIPAM-b-PEG-b-PNIPAM

浓度为 5.134g/L 的嵌段共聚物 PNIPAM-b-PEG-b-PNIPAM(PEG 聚合度 45，PNIPAM 聚合度 49)水溶液分别采取温度逐渐升高和温度逐渐降低两种方式测定溶液吸光度的变化如图 4.27 所示。测定时升温速率约为 2.73℃/min，降温速率 1.69℃/min。

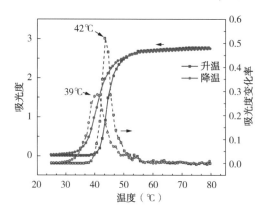

图 4.27　嵌段共聚物 PNIPAM-b-PEG-b-PNIPAM 吸光度随温度变化图

随着温度的升高，聚合物水溶液的吸光度逐渐上升。采取升温方式测定时，当温度上升至 39℃附近时，水溶液的吸光度急剧上升。采取降温方式测定时，当温度降低 42℃左右时，水溶液的吸光度急剧下降。图 4.27 中，采取升温方式测定的 LCST 与采取降低温度方式测定的存在差异。与嵌段聚合物 PEG-b-PNIPAM 的 LCST 基本相当，为 39~42℃。而此嵌段共聚物仅有 1 个吸光度明显变化点，可能是嵌段共聚物中双侧 PNIPAM 链段遮蔽了中间 PEG 链段的性能。

与浓度约为 1g/L 的均聚物 PNIPAM 饱和溶液吸光度随温度变化结果(图 4.28)对比后发现，PNIPAM 均聚物在水中的溶解性较含有亲水链段的嵌段共聚物更差。均聚物在31~38℃吸光度有明显的变化，符合其温敏特性。而且在 PNIPAM 链段长度相差不大的情况下，嵌段共聚物 PEG-b-PNIPAM 和嵌段共聚物 PNIPAM-b-PEG-b-PNIPAM 的转变温度无明显差异，但均略高于 PNIPAM 均聚物的转变温度，说明亲水 PEG 链段的引入可以提高温度响应型嵌段聚合物的 LCST。

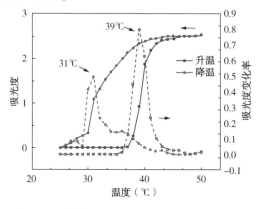

图 4.28　均聚物 PNIPAM 吸光度随温度变化图

4.7.3　表面活性剂乳化性能

4.7.3.1　乳化性能的温度响应

在不同温度条件下，嵌段共聚物 PEG$_{45}$-b-PNIPAM$_{59}$作为表面活性剂在油(十六烷)水体系中表现出不同的乳化性能。将表面活性剂分别配制成 5.121g/L、0.5121g/L 和 0.05121g/L 的嵌段共聚物溶液，与十六烷配制成水油比为 3∶1、1∶1 和 1∶3 的三种溶液。

将含有一定浓度的含有表面活性剂的油水液升温至 70℃，用均质机匀速搅拌 10s，并在 70℃恒温箱中密封静置 24h。表面活性剂浓度对乳液出油率和出水率的影响如图 4.29 至图 4.31 所示。

70℃在考察的表面活性剂浓度范围内，水油比为 1∶3 时，基本无法形成稳定的乳液，水油混合物均质搅拌后立刻破乳，仅有极少量乳液存在；当水油比达到 1∶1 和 3∶1、表面活性剂浓度高于 0.5g/L 时，乳液都在 1h 左右形成稳定的乳液，稳定 24h 未见变化，过低的表面活性剂水溶液浓度(0.05g/L)则不能形成乳液。

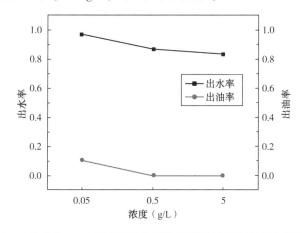

图 4.29　水油比为 3∶1 时表面活性剂浓度对乳液出油率和出水率的影响

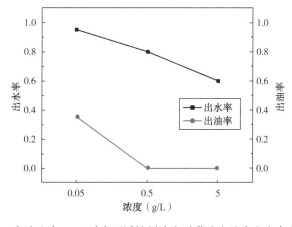

图 4.30　水油比为 1∶1 时表面活性剂浓度对乳液出油率和出水率的影响

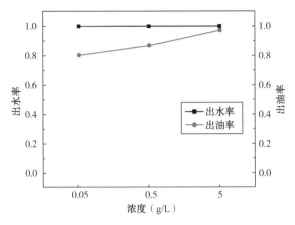

图 4.31　水油比为 1∶3 时表面活性剂浓度对乳液出油率和出水率的影响

降低体系温度将乳液置于室温（25℃）下，观察其 24h 后乳液变化，如图 4.32 至图 4.34 所示。表面活性剂在低温下具有破乳的能力，破乳效果与表面活性剂的加入量以及使用的水油体系中水和油的含量有关。对于水油比为 1∶1 的十六烷—水体系，表面活性剂

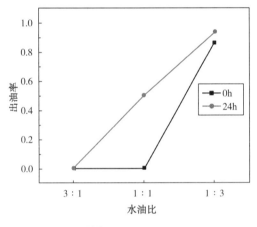

图 4.32　表面活性剂浓度为 0.05g/L 时 25℃静置 24h 乳液出油率

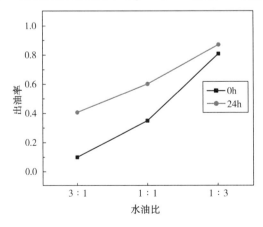

图 4.33　表面活性剂浓度为 0.5g/L 时 25℃静置 24h 乳液出油率

浓度达到 0.5g/L 时，70℃ 形成的稳定乳液温度降低至 25℃ 时，乳液破乳，出油率可达 50%；提高表面活性剂浓度至 5g/L，25℃ 的出油率提高到约 65%。较高的水油比（如 3∶1）条件下形成的乳液相对稳定，降低温度破乳较困难。

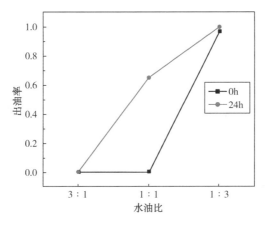

图 4.34 表面活性剂浓度为 5g/L 时 25℃ 静置 24h 乳液出油率

4.7.3.2 表面活性剂浓度对乳化能力的影响

表面活性剂浓度对油水体系（油水质量比 1∶1）乳化性能的稳定性有影响，如图 4.35 所示。图 4.35 中，从左至右的各细管中，分别是质量分数为 5%、0.5%、0.05%、0.005%、0.0005% 和 0.00005% 的 $PEG_{45}-b-PNIPAM_{50}$ 表面活性剂溶液与等质量的十二烷组成的油水体系。

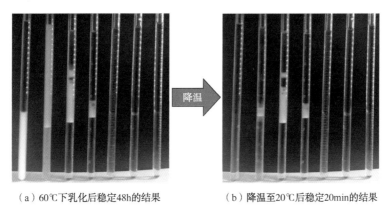

（a）60℃下乳化后稳定48h的结果　　　　（b）降温至20℃后稳定20min的结果

图 4.35 温度变化对表面活性剂不同浓度下乳液稳定性影响

当表面活性剂浓度较高时［5%（质量分数）］，水相溶液直接变为固体水凝胶。当表面活性剂浓度降低到 0.5%（质量分数）时，表面活性剂水溶液微微发白，表面活性剂分子聚集为凝胶颗粒，形成 Pickering 乳液，此时乳液具有最好的乳化/破乳性能。表面活性剂溶液浓度继续降低，表面活性剂形成普通乳液，此时乳化性能逐渐降低，破乳时如无外界干扰破乳效果欠佳。当表面活性剂溶液降低到 0.0005%（质量分数）时，低于表面活性剂的临界胶束浓度，并不能形成乳液。

4.7.3.3 不同 PNIPAM 聚合度的表面活性剂的乳化温度

相同表面活性剂浓度及温度条件下，PNIPAM 聚合度不同的表面活性剂溶液具有不同的 LCST。不同温度条件下，具有不同 PNIPAM 聚合度的表面活性剂的乳化能力存在差异。如图 4.36 所示，从左到右添加的表面活性剂 PNIPAM 聚合度依次为 100、75、50、35 和 15，表面活性剂的浓度为 0.5%（质量分数），体系的油（十二烷）水比为 1∶1。

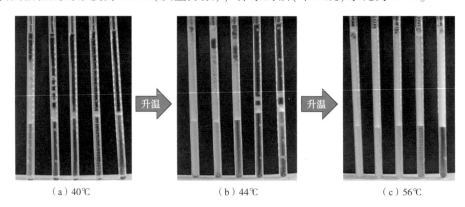

    (a) 40℃   (b) 44℃   (c) 56℃

图 4.36 十二烷—水体系中 不同 PNIPAM 聚合度的表面活性剂乳化性能

40℃时，PNIPAM 聚合度为 100 的表面活性剂已经具有一定的表面活性，可以进行油水乳化；但 PNIPAM 聚合度为 50、35 和 15 的表面活性剂并不能起到乳化作用。随着温度升高，当温度达到 44℃时，PNIPAM 聚合度为 50 的表面活性剂具有乳化能力，而更低 PNIPAM 聚合度的表面活性剂不能起乳化作用。当温度进一步升高到 56℃时，上述五种表面活性剂均能对十二烷—水体系起乳化作用。对比各表面活性剂的 LCST 测试结果可以看出，此种表面活性剂的乳化温度随 PNIPAM 聚合度的增大而提高，只有当温度高于其 LCST 时，表面活性剂方能表现出乳化性能，即采用 PNIPAM 聚合度较低的表面活性剂 PEG-b-PNIPAM 可实现较高温度下的乳化。

参 考 文 献

[1] Salkar R A, Hassan P A, Samant S D, et al. A thermally reversible vesicle to micelle transition driven by a surface solid-fluid transition[J]. Chemical Communications, 1996(10): 1223-1224.

[2] Hassan P A, Valaulikar B S, Manohar C, et al. Vesicle to micelle transition: rheological investigations[J]. Langmuir, 1996, 12(18): 4350-4357.

[3] Mendes E, Oda R. A small-angle Neutron scattering study of a shear-introduced vesicle to micelle transition in surfactant mixtures[J]. The Journal of Physical Chemistry B, 1998, 102(2): 338-343.

[4] Buwalda R T, Stuart M C A, Engberts J B F N. Wormlike micellar and vesicular phases in aqueous solutions of single-tailed surfactants with aromatic counterions[J]. Langmuir, 2000, 16(17): 6780-6786.

[5] Kalur G V, Frounfelker B D, Cipriano B H, et al. Viscosity increase with temperature in cationic surfactant solutions due to the growth of wormlike micelles[J]. Langmuir, 2005, 21(24): 10998-11004.

[6] Saha S K, Mha M, Ali M, et al. Micellar shape transition under dilute salt-free conditions: promotion and self-fluorescence monitoring of stimuli-responsive viscoelasticity by 1-and 2-Naphthols[J]. The Journal of Physical Chemistry B, 2008, 112(15): 4642-4647.

[7] Lin Y Y, Qiao Y, Yan Y, et al. Thermo-responsive viscoelastic wormlike micelle to elastic hydrogel transition in dual-component systems[J]. Soft Matter, 2009, 5(16): 3047-3053.

[8] Jiang L X, Wang K, Ke F Y, et al. Endowing catanionic surfactant vesicles with dual responsive abilities via a noncovalent strategy: introduction of a responser, sodium cholate[J]. Soft Matter, 2009(3): 599-606.

[9] 平阿丽. 基于季铵盐阳离子表面活性剂的温敏型胶束体系的构筑及其性能研究[D]. 聊城: 聊城大学, 2015.

[10] Wang K, Yin H Q, Sha W, et al. Temperature-sensitive aqueous surfactant two-phase system formation in cationic-anionic surfactant systems[J]. The Journal of Physical Chemistry B, 2007, 111(45): 12997-13005.

[11] Zhu Y, Fu T, Liu K, et al. Thermo-responsive pickering emulsions stabilized by silica nanoparticles in combination with alkyl polyoxyethylene ether nonionic surfactant [J]. Langmuir, 2017, 33 (23): 5724-5733.

[12] Yang B Q, Duhamel J, Extraction of oil from oil sands using thermo-responsive polymeric surfactants[J]. Applied Materials & Interfaces, 2015, 7(10): 5879-5889

[13] Ngai T, Behrens S H, Auweter H. Novel emulsions stabilized by pH and temperature sensitive microgels [J]. Chemical Communications, 2005, 3(3): 331-333.

[14] Ngai T, Auweter H, Behrens S H. Environmental responsiveness of microgel particles and particle-stabilized emulsions[J]. Macromolecules, 2006, 39(23): 8171-8177.

[15] Tsuji S, Kawaguchi H. Thermosensitive pickering emulsion stabilized by poly(N-isopropylacrylamide)-carrying particles[J]. Langmuir, 2008, 24(7): 3300-3305.

[16] Brugger B, Richtering W. Emulsions stabilized by stimuli-sensitive poly(N-isopropylacrylamide)-co-methacrylic acid polymers: Microgels versus low molecular weight polymers[J]. Langmuir, 2008, 24(15): 7769-7777.

[17] Brugger B, Rosen B A, Richtering W. Microgels as stimuli-responsive stabilizers for emulsions[J]. Langmuir, 2008, 24(21): 12202-12208.

[18] Monteux C, Marliere C, Paris P, et al. Poly(N-Isopropylacrylamide) microgels at the oil-water interface: interfacial properties as a function of temperature[J]. Langmuir, 2010, 26(17): 13839-13846.

[19] 尚琮, 娄佳慧, 刘攀, 等. P(NIPAM-co-AA)颗粒的单体比例对油水乳化性能的影响及其在油水分离中的应用[J]. 石油化工, 2017, 46(6): 772-777.

[20] 潘莲莲. 磁性破乳—絮凝剂的制备及在细乳化含油废水中的应用[D]. 舟山: 浙江海洋大学, 2017.

[21] 余亚兰, 白小林, 牟川淋, 等. 一种温敏智能微胶囊、其制备方法及其在采油中的应用: 中国, CN201810076917.8[P]. 2018-07-24.

[22] Fan X S, Wang X Y, Cao M Y, et al. "Y"-shape armed amphiphilic star-like copolymers: design, synthesis and dual-responsive unimolecular micelle formation for controlled drug delivery[J]. Polymer Chemistry, 2017, 8(36): 5611-5620.

[23] Tang X, Liang X, Yang Q, et al. AB2-type amphiphilic block copolymers composed of poly(ethylene glycol) and poly(N-isopropylacrylamide) via single-electron transfer living radical polymerization: Synthesis and characterization [J]. Journal of Polymer Science Part A Polymer Chemistry, 2010, 47 (17): 4420-4427.

[24] Bai Y, Xie F Y, Tian W, et al. Controlled self-assembly of thermo-responsive amphiphilic H-shaped polymer for adjustable drug release[J]. Chinese Journal of Polymer Science, 2018, 36(3): 406-416.

[25] Chandel A K S, Kannan D, Bhingaradiya N, et al. Dually crosslinked injectable hydrogels of poly (ethylene glycol) and poly[(2-dimethylamino)ethyl methacrylate]-b-poly(N-isopropyl acrylamide) as a wound

healing promoter[J]. Journal of Materials Chemistry，2017，5(25)：4955−4966.

[26] Wais U，Jackson A W，He T，et al. Formation of hydrophobic drug nanoparticles via ambient solvent evaporation facilitated by branched diblock copolymers[J]. International Journal of Pharmaceutics，2017，533 (1)：245−253.

[27] Fliervoet L A L，Najafi M，Hembury M，et al. Heterofunctional poly (ethylene glycol) (PEG) macroinitiator enabling controlled synthesis of ABC triblock copolymers[J]. Macromolecules，2017，50(21)：8390−8397.

[28] 肖进新，赵振国. 表面活性剂应用原理[M]. 北京：化学工业出版社，2015：384−399.

[29] 吕彤. 表面活性剂合成技术[M]. 北京：中国纺织出版社，2009.

[30] 潘祖仁. 高分子化学[M]. 北京：化学工业出版社，2011.

[31] 王凯. 离子聚合制备聚醚共聚物及其性能研究[D]. 济南：山东大学，2017.

[32] Hoogenboom R，Schubert U，Fischer D C，et al. Poly (ethylene glycol) in drug delivery：pros and cons as well as potential alternatives.[J]. Angewandte Chemie International Edition，2011，42(3)：6288−6308.

[33] Braunecker W A，Matyjaszewski K. Controlled/living radical polymerization：Features，developments，and perspectives[J]. Progress in Polymer Science，2007，32(1)：93−146.

[34] Georges M K，Veregin R P N，Kazmaier P M，et al. Narrow molecular weight resins by a free-radical polymerization process[J]. Macromolecules，1993，26(11)：2987−2988.

[35] Matyjaszewski K. Atom transfer radical polymerization (ATRP)：current status and future perspectives[J]. Macromolecules，2012，45(10)：4015−4039.

[36] Chiefari J，Chong Y K，Ercole F，et al. Living free-radical polymerization by reversible addition-fragmentation chain transfer：the RAFT process[J]. Macromolecules，1998，31(16)：5559−5562.

[37] Moad G，Rizzardo E，Thang S H. Living radical polymerization by the RAFT process[J]. Australian Journal of Chemistry，2005，58(6)：379−410.

[38] Destarac M，Taton D，Zard S，et al. On the importance of xanthate substituents in the MADIX process[J]. Acs Symposium，2014，854：536−550.

[39] Matyjaszewski K，Tsarevsky N V. Macromolecular engineering by atom transfer radical polymerization[J]. Journal of the American Chemical Society，2014，136(18)：6513−6533.

[40] Mühlebach Andreas，Gaynor S G，Matyjaszewski K. Synthesis of amphiphilic block copolymers by atom transfer radical polymerization (ATRP)[J]. Macromolecules，1998，31(18)：6046−6052.

[41] Percec V，Guliashvili T，Ladislaw J S，et al. Ultrafast synthesis of ultrahigh molar mass polymers by metal-catalyzed living radical polymerization of acrylates，methacrylates，and vinyl chloride mediated by SET at 25 degrees C.[J]. Journal of the American Chemical Society，2006，128(43)：14156−14165.

[42] 马立群，李爽，王雅珍，等. 单电子转移活性自由基聚合研究进展[J]. 工程塑料应用，2018，46 (10)：141−144，154.

[43] 丁伟，孙颖，吕崇福，等. 单电子转移活性自由基聚合的现状及展望[J]. 应用化学，2011，28(3)：245−253.

[44] 胡育林，付含琦，梁滔，等. 单电子转移活性自由基聚合特点及应用[J]. 高分子通报，2018(1)：53−57.

[45] Matyjaszewski K，Spanswick J. Atom transfer radical polymerization (ATRP)[J]. Chemical Reviews，2001，101：2921−2990.

[46] Ohno K，Goto A，Fukuda T，et al. Kinetic study on the activation process in an atom transfer radical polymerization[J]. Macromolecules，1998，31(8)：2699−2701.

[47] Kamigaito M，Ando T，Sawamoto M. Metal-catalyzed living radical polymerization：discovery and develop-

ments[J]. The Chemical Record, 2004, 4(3): 159-175.

[48] Tang W, Tsarevsky N V, Matyjaszewski K. Determination of equilibrium constants for atom transfer radical polymerization[J]. Journal of the American Chemical Society, 2006, 128(5): 1598-1604.

[49] Tsarevsky N V, Braunecker W A, Tang W, et al. Copper-based ATRP catalysts of very high activity derived from dimethyl cross-bridged cyclam[J]. Journal of Molecular Catalysis A Chemical, 2006, 257 (1): 132-140.

[50] Qiang Z, Paul W, Zaidong L, et al, Aqueous copper-mediated living polymerization: exploiting rapid dis-proportionation of CuBr with Me_6TREN[J]. Journal of the American Chemical Society, 2013, 135: 7355-7363

[51] Jean-François L, Özgür A, Ann H, et al. Point by point comparison of two thermosensitive polymers exhib-iting a similar LCST: is the age of poly (NIPAM) over? [J]. Journal of the American Chemical Society, 2006, 128(40): 13046-13047.

[52] Kim K H, Kim J, Jo W H. Preparation of hydrogel nanoparticles by atom transfer radical polymerization of N-isopropylacrylamide in aqueous media using PEG macro-initiator[J]. Polymer, 2005, 46(9): 2836-2840.

[53] Roy D, Brooks W L A, Sumerlin B S. New directions in thermoresponsive polymers[J]. Chemical Society Reviews, 2013, 42(17): 7214.

第5章 活性可控表面活性剂的分子模拟

分子动力学模拟是当下最为广泛采用的计算模拟方法。该方法基于波恩—奥本海默近似原理，即假定电子的运动速度远远快于原子核的运动速度。据此可以将电子运动和原子核的运动分别独立考虑并忽略电子的运动，视原子核的运动遵循牛顿运动定律。分子动力学模拟过程就是求解模拟体系中各原子随时间演化的牛顿运动方程，进而可以获得模拟体系的动力学和热力学数据。随着计算机硬件计算能力的快速提高和力场参数的不断优化，分子动力学模拟已经被广泛地应用于各科学领域的研究之中。它既可以成为传统实验研究的有力补充并帮助解释实验结果，又能够研究现有实验条件难以解决的科学问题。分子模拟方法已被广泛应用于离子表面活性剂(例如，烷基磺酸盐表面活性剂)作用下油水界面性质的研究[1-14]。模拟结果不仅能够很好地吻合现有实验数据(如界面张力等)，还提供了原子尺度下的界面结构信息(如氢键结构、离子配位结构等)和动力学信息(如自扩散系数等)，以及界面稳定性的微观解释(如分离压等)。但是目前还未见关于活性可控表面活性剂的分子动力学模拟研究的报道。

5.1 CO_2/N_2 开关型表面活性剂分子模拟

在已经开展的活性可控表面活性剂的合成实验研究以及相应的乳化性能实验研究基础上，利用分子动力学模拟方法，从原子尺度上分析了不同质子状态的 N -长链烷基- N , N -二甲基乙脒在十二烷—NaCl 盐水界面处的微观结构，计算对应体系的界面张力，进一步揭示 CO_2 响应型 N -长链烷基- N , N -二甲基乙脒表面活性剂的作用机制。

5.1.1 十二烷—乙脒类表面活性剂—盐水体系模型设置

5.1.1.1 非质子态 N -长链烷基- N , N -二甲基乙脒体系模型构建

无 CO_2 通入条件下，N -长链烷基- N , N -二甲基乙脒以非质子态形式存在。因此，采用分子模拟方法研究非质子态 N -十二烷基- N , N -二甲基乙脒在十二烷—NaCl 盐水界面处的微观结构和微观作用机制，需构建十二烷—非质子态 N -十二烷基- N , N -二甲基乙脒—NaCl 盐水模拟体系。

构建的三种 N -十二烷基- N , N -二甲基乙脒(C_{12}-DMAA) 含量模拟体系见表 5.1，

图 5.1 显示了所构建模拟体系的初始结构。模拟体系 x、y 方向尺寸固定为 100Å❶，z 方向尺寸随模拟压力自由调整。

表 5.1　十二烷—C_{12}-DMAA—NaCl 盐水模拟体系具体组分构成

模拟体系名称	模拟体系各组分含量（个）				
	十二烷烃	C_{12}-DMAA	H_2O	Na^+	Cl^-
C_{12}-DMAA-1	1600	50 个/界面	20000	200	200
C_{12}-DMAA-2	1600	100 个/界面	20000	200	200
C_{12}-DMAA-3	1600	150 个/界面	20000	200	200

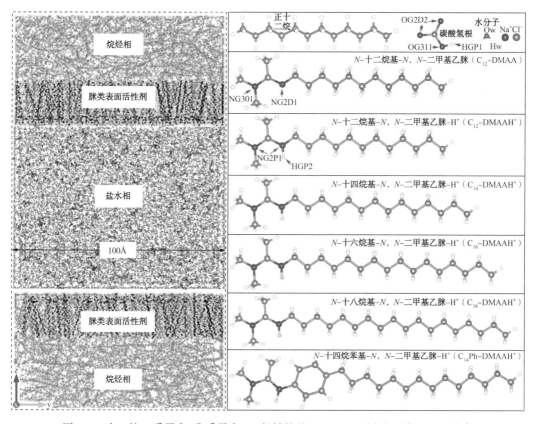

图 5.1　十二烷—质子态/非质子态 N-长链烷基-N,N-二甲基乙脒—NaCl 盐水
模拟体系初始构型示意图和模拟体系各组分的分子结构
一种非质子态乙脒为 C_{12}-DMAA，五种质子态乙脒为 C_{12}-DMAAH$^+$、
C_{14}-DMAAH$^+$、C_{16}-DMAAH$^+$、C_{18}-DMAAH$^+$ 和 C_{14}Ph-DMAAH$^+$

❶$1\text{Å} = 0.1\text{nm} = 10^{-10}\text{m}$。

5.1.1.2 质子态 N-长链烷基-N，N-二甲基乙脒体系模型构建

CO_2通入条件下，N-长链烷基-N，N-二甲基乙脒以质子态形式存在，生成脒基碳酸氢盐。因此，构建十二烷—质子态 N-长链烷基-N，N-二甲基乙脒—NaCl 盐水模拟体系（表 5.2）。模拟选取五种不同链长的质子态 N-长链烷基-N，N-二甲基乙脒（即 C_6-DMAAH$^+$、C_{12}-DMAAH$^+$、C_{14}-DMAAH$^+$、C_{16}-DMAAH$^+$、C_{18}-DMAAH$^+$）和一种含有苯环的质子态 N-十四烷苯基-N，N-二甲基乙脒（C_{14}Ph-DMAAH$^+$）。每种质子态 N-长链烷基-N，N-二甲基乙脒均构建了三种含量模拟体系，图 5.2 显示了所构建模拟体系的初始结构。模拟体系 x、y 方向尺寸固定为100Å，z 方向尺寸随压力可自由调整。

表 5.2　十二烷—C_n-DMAAH$^+$—NaCl 盐水模拟体系具体组分构成

模拟体系名称	模拟体系各组分含量（个）					
	十二烷烃	C_n-DMAAH$^+$	H_2O	HCO_3^-	Na^+	Cl^-
C_6-DMAAH$^+$-1	1600	50 个/界面	20000	100	200	200
C_6-DMAAH$^+$-2	1600	100 个/界面	20000	200	200	200
C_6-DMAAH$^+$-3	1600	150 个/界面	20000	300	200	200
C_{12}-DMAAH$^+$-1	1600	50 个/界面	20000	100	200	200
C_{12}-DMAAH$^+$-2	1600	100 个/界面	20000	200	200	200
C_{12}-DMAAH$^+$-3	1600	150 个/界面	20000	300	200	200
C_{14}-DMAAH$^+$-1	1750	50 个/界面	20000	100	200	200
C_{14}-DMAAH$^+$-2	1750	100 个/界面	20000	200	200	200
C_{14}-DMAAH$^+$-3	1750	150 个/界面	20000	300	200	200
C_{16}-DMAAH$^+$-1	1900	50 个/界面	20000	100	200	200
C_{16}-DMAAH$^+$-2	1900	100 个/界面	20000	200	200	200
C_{16}-DMAAH$^+$-3	1900	150 个/界面	20000	300	200	200
C_{18}-DMAAH$^+$-1	2050	50 个/界面	20000	100	200	200
C_{18}-DMAAH$^+$-2	2050	100 个/界面	20000	200	200	200
C_{18}-DMAAH$^+$-3	2050	150 个/界面	20000	300	200	200
C_{14}Ph-DMAAH$^+$-1	1600	50 个/界面	20000	100	200	200
C_{14}Ph-DMAAH$^+$-2	1600	100 个/界面	20000	200	200	200
C_{14}Ph-DMAAH$^+$-3	1600	150 个/界面	20000	300	200	200

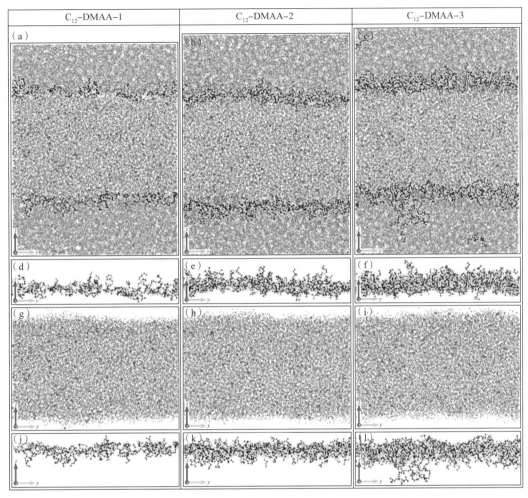

图 5.2　三种 C_{12}-DMAA 含量的十二烷—C_{12}-DMAA—NaCl 盐水体系的平衡结构

（a）、（b）、（c）是模拟体系整体平衡结构；（d）、（e）、（f）和（j）、（k）、（l）分别是上下界面处

C_{12}-DMAA 单独组分的平衡构型；（g）、（h）、（i）是单独 NaCl 盐水组分的平衡构型

5.1.1.3　模拟体系力场参数优选

　　力场是描述分子动力学模拟体系内原子间和原子内相互作用的势能函数。模拟结果的准确程度关键取决于力场的可靠性。针对有机分子设计并被广泛使用的力场有 OPLS[15]、TraPPE[16]、AMBER[17] 和 CHARMM[18]等。针对水分子而设计的力场也很多，例如 SPC[19]、SPC/E[20]、SPC/Fw[21]、TIP3P[19] 和 TIP4P[22] 等。模拟采用被广泛使用的 CHARMM 力场定义十二烷烃、质子态和非质子态 N-长链烷基-N，N-二甲基乙脒和碳酸氢根的力场参数，同时选择与 CHARMM 力场耦合最好的 TIP3P 水模型来描述水分子。Na^+ 和 Cl^- 的力场参数选择 Smith 和 Dang[23] 所优化的力场参数。表 5.3 列举了非质子态 C_{12}-DMAA 和质子态 C_{12}-DMAAH$^+$、C_{14}Ph-DMAAH$^+$ 以及 HCO_3^-、水的力场类型和电荷量。

表 5.3 非质子态 C_{12}-DMAA 和质子态 C_{12}-DMAAH⁺、C_{14}Ph-DMAAH⁺ 以及 HCO_3^-、H_2O 的力场类型和电荷量

C_{12}-DMAA				C_{12}-DMAAH⁺			
结构	原子名称	力场类型	电荷(e)	结构	原子名称	力场类型	电荷(e)
	N1	NG301	−0.230		N1	NG2P1	−0.643
	N2	NG2D1	−0.607		N2	NG2P1	−0.670
	C3	CG2N2	0.307		C3	CG2N2	0.660
	C4	CG331	−0.165		C4	CG334	0.109
	C5	CG331	−0.165		C5	CG334	0.109
	C6	CG331	−0.150		C6	CG331	−0.137
	C7	CG321	0.020		C7	CG324	0.197
	H1~H9	HGA3	0.090		H1~H9	HGA3	0.090
	H10~H11	HGA2	0.090		H10~H11	HGA2	0.090
					H12	HGP2	0.380

C_{14}Ph-DMAAH⁺				HCO_3^-			
结构	原子名称	力场类型	电荷(e)	结构	原子名称	力场类型	电荷(e)
	N1	NG2P1	−0.643		C1	CG2O6	0.690
	N2	NG2P1	−0.495		O2	OG2D2	−0.760
	C3	CG2N2	0.663		O3	OG2D2	−0.760
	C4	CG334	0.109		O4	OG311	−0.600
	C5	CG334	0.109		H5	HGP1	0.430
	C6	CG331	−0.137	H_2O			
	C7	CGR61	0.122	结构	原子名称	力场类型	电荷(e)
	C8、C9	CGR61	−0.114		O1	Ow	−0.830
	C10、C11	CGR61	−0.112		H2	Hw	0.415
	C12	CGR61	−0.004		H3	Hw	0.415
	C13	CG321	−0.18				
	H1~H9	HGA3	0.090				
	H10~H13	HGR61	0.115				
	H14~H15	HGA2	0.090				
	H16	HGP2	0.462				

5.1.1.4 计算模拟设置

分子动力学模拟计算采用 LAMMPS 软件(版本:lammps-16Mar18)[24]。所有计算都利用南京大学 Flex 高性能计算集群完成。各模拟体系都首先进行至少 20ns NPT 模拟以达到结构和能量的平衡,再进行 5ns NVT 模拟以采集分析数据。各模拟体系温度压力均为常温常压($T = 300K$，$p = 1atm$❶)，Lennard-Jones 作用势和库仑作用势的截断半径为 12.0Å，PPPM 方法计算长程库仑势的精度设为 10^{-5}，时间步长为 1fs，热力学数据的采样步长为 0.1ps，运动轨迹的采样步长为 2.5ps。

5.1.2　十二烷—乙脒类表面活性剂—盐水体系平衡构型

5.1.2.1　十二烷—C_{12}-DMAA—NaCl 盐水体系平衡构型

三种 C_{12}-DMAA 含量（表 5.2）的十二烷—C_{12}-DMAA—NaCl 盐水体系的平衡结构如图 5.2 所示。在低 C_{12}-DMAA 含量的 C_{12}-DMAA-1 体系中，图 5.2(a) 为整个模拟体系的平衡构型；图 5.2(g) 只显示平衡构型的盐水组分；图 5.2(d) 和图 5.2(j) 分别只显示平衡构型上下两界面处的 C_{12}-DMAA 单独组分。

对于非质子态 C_{12}-DMAA，无论 C_{12}-DMAA 含量高低，C_{12}-DMAA 均倾向于分布在十二烷—NaCl 盐水界面处[图 5.2(a) 至图 5.2(c)]，C_{12}-DMAA 的乙脒基团都倾向于指向盐水相，而非极性烷烃长链指向十二烷烃相[（图 5.2(d) 至图 5.2(f)、图 5.2(i) 至图 5.2(k)]。高 C_{12}-DMAA 含量条件下（C_{12}-DMAA-3 体系），在界面被 C_{12}-DMAA 占满后，过剩的 C_{12}-DMAA 倾向溶解于十二烷烃相[（图 5.2(c)]。盐水中的 Na^+ 和 Cl^- 都没有出现向两相界面处富集的趋势[（图 5.2(g) 至图 5.2(i)]。

5.1.2.2　十二烷—C_n-DMAAH$^+$—NaCl 盐水体系平衡构型

图 5.3 至图 5.8 分别展示了三种 C_n-DMAAH$^+$ 含量的十二烷—C_6-DMAAH$^+$—NaCl 盐水体系、十二烷—C_{12}-DMAAH$^+$—NaCl 盐水体系、十二烷—C_{14}-DMAAH$^+$—NaCl 盐水体系、十二烷—C_{16}-DMAAH$^+$—NaCl 盐水体系、十二烷—C_{18}-DMAAH$^+$—NaCl 盐水体系、十二烷—C_{14}Ph-DMAAH$^+$—NaCl 盐水体系的最终平衡结构。在低 C_6-DMAAH$^+$ 含量的 C_6-DMAAH$^+$-1 体系（图 5.3）中，图 5.3(a) 为整个模拟体系的平衡构型；图 5.3(d) 只显示平衡构型中 C_6-DMAAH$^+$ 组分。图 5.3(g) 只显示平衡构型的盐水组分。

低 C_6-DMAAH$^+$ 含量条件下，质子态 C_6-DMAAH$^+$ 完全富集于十二烷—盐水界面处[（图 5.3(a) 和图 5.3(b)]。随着 C_6-DMAAH$^+$ 含量的增加，C_6-DMAAH$^+$ 主要富集于十二烷—盐水界面处[图 5.3(b) 和图 5.3(e)]，少量的 C_6-DMAAH$^+$ 溶解于盐水相中。高 C_6-DMAAH$^+$ 含量条件下，大量的 C_6-DMAAH$^+$ 溶解于盐水相中[图 5.3(c) 和图 5.3(f)]。体系中 HCO_3^- 倾向富集于十二烷—盐水界面处[图 5.3(h) 和图 5.3(i)]。

由图 5.4 可知，三种 C_{12}-DMAAH$^+$ 含量条件下，质子态 C_{12}-DMAAH$^+$ 完全富集于十二烷—盐水界面处，C_{12}-DMAAH$^+$ 既不溶于十二烷烃相，也不溶于盐水相[图 5.4(a) 至图 5.4(f)]。在界面处，C_{12}-DMAAH$^+$ 的乙脒基团指向盐水相，而非极性烷烃长链则都指向十二烷烃相[图 5.4(d) 至图 5.4(f)]。体系中 HCO_3^- 倾向富集于十二烷—盐水界面处[图 5.4(h) 和图 5.4(i)]。十二烷—C_{14}-DMAAH$^+$—NaCl 盐水体系（图 5.5）、十二烷—C_{16}-DMAAH$^+$—NaCl 盐水体系（图 5.6）、十二烷—C_{18}-DMAAH$^+$—NaCl 盐水体系（图 5.7）和

---

❶ 1atm = 101325Pa。

十二烷—C$_{14}$Ph-DMAAH$^+$—NaCl 盐水体系（图 5.8）的界面平衡结构与十二烷—C$_{12}$-DMAAH$^+$—NaCl 盐水体系(图 5.4)基本一致。

对比十二烷—C$_6$-DMAAH$^+$—NaCl 盐水体系和十二烷—C$_{12}$-DMAAH$^+$—NaCl 盐水体系可知，烷烃尾链(C$_n$)的长短显著影响 C$_n$-DMAAH$^+$在盐水中的溶解度。烷烃尾链较短的 C$_6$-DMAAH$^+$在盐水中的溶解度显著高于烷烃尾链较长的 C$_{12}$-DMAAH$^+$在盐水中的溶解度。

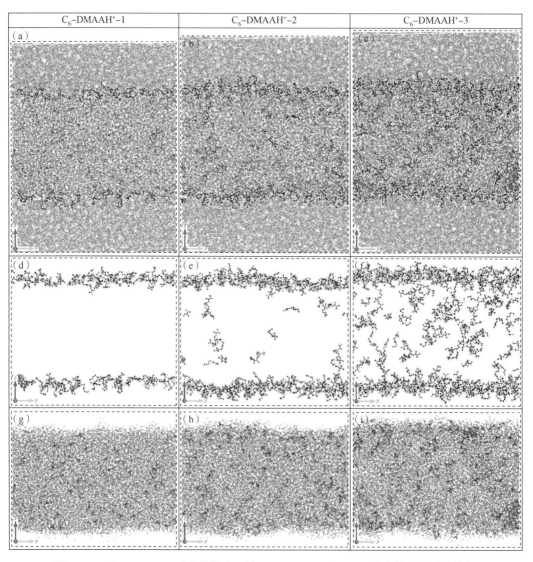

图 5.3　三种 C$_6$-DMAAH$^+$含量的十二烷—C$_6$-DMAAH$^+$—NaCl 盐水体系的平衡结构

（a）、（b)和(c)是模拟体系整体平衡结构；（d）、（e）和(f)是 C$_6$-DMAAH$^+$单独组分的平衡构型；

（g）、（h)和(i)是单独 NaCl 盐水组分的平衡构型。图中红黑球棍模型是 HCO$_3^-$，

紫色球为 Na$^+$，蓝绿色球为 Cl$^-$，红白色点线为 H$_2$O

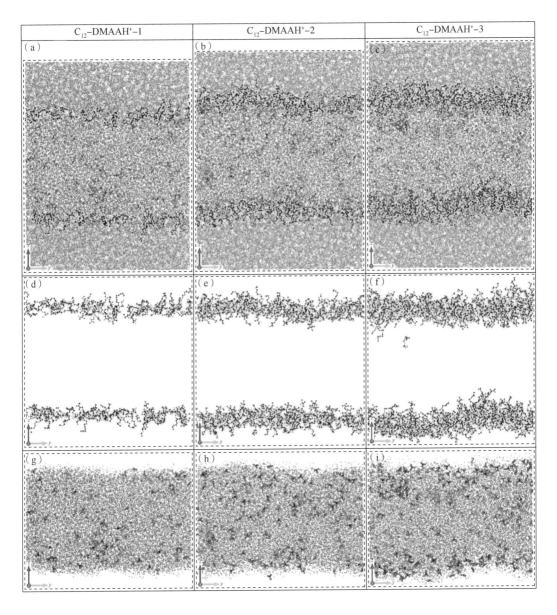

图 5.4　三种 C_{12}-DMAAH$^+$含量的十二烷—C_{12}-DMAAH$^+$—NaCl 盐水体系的平衡结构

（a）、（b）和（c）是模拟体系整体平衡结构；（d）、（e）和（f）是 C_{12}-DMAAH$^+$单独组分的平衡构型；

（g）、（h）和（i）是单独 NaCl 盐水组分的平衡构型。图中红黑球棍模型是 HCO_3^-，

紫色球为 Na^+，蓝绿色球为 Cl^-，红白点线为 H_2O

C₁₄-DMAAH⁺-1	C₁₄-DMAAH⁺-2	C₁₄-DMAAH⁺-3

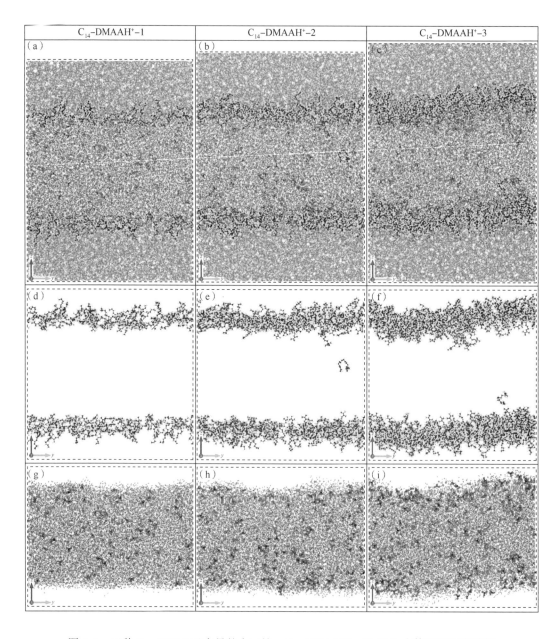

图 5.5　三种 C₁₄-DMAAH⁺ 含量的十二烷—C₁₄-DMAAH⁺—NaCl 盐水体系的平衡结构

（a）、（b）和（c）是模拟体系整体平衡结构；（d）、（e）和（f）是 C₁₄-DMAAH⁺ 单独组分的平衡构型；

（g）、（h）和（i）是单独 NaCl 盐水组分的平衡构型。图中红黑球棍模型是 HCO₃⁻，

紫色球为 Na⁺，蓝绿色球为 Cl⁻，红白点线为 H₂O

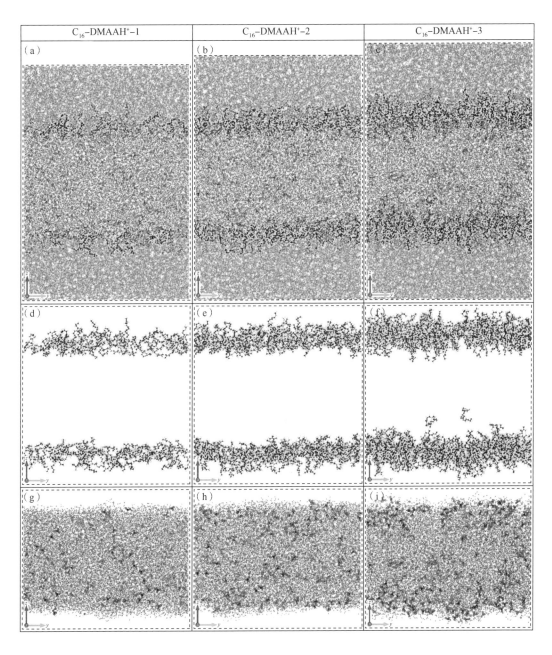

图 5.6 三种 C_{16}-DMAAH$^+$ 含量的十二烷—C_{16}-DMAAH$^+$—NaCl 盐水体系的平衡结构

（a）、（b）和（c）是模拟体系整体平衡结构；（d）、（e）和（f）是 C_{16}-DMAAH$^+$ 单独组分的平衡构型；

（g）、（h）和（i）是单独 NaCl 盐水组分的平衡构型。图中红黑球棍模型是 HCO_3^-，

紫色球为 Na^+，蓝绿色球为 Cl^-，红白点线为 H_2O

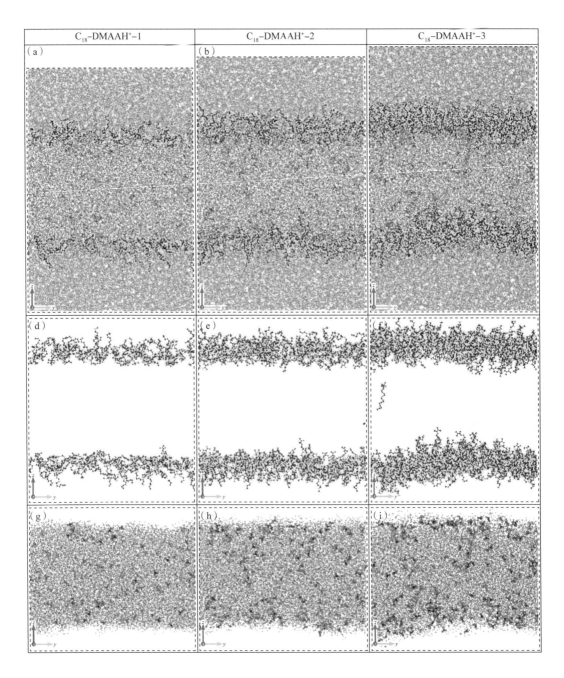

图 5.7　三种 C_{18}-DMAAH$^+$含量的十二烷—C_{18}-DMAAH$^+$—NaCl 盐水体系的平衡结构

（a）、（b）和（c）是模拟体系整体平衡结构；（d）、（e）和（f）是 C_{18}-DMAAH$^+$单独组分的平衡构型；

（g）、（h）和（i）是单独 NaCl 盐水组分的平衡构型。图中红黑球棍模型是 HCO_3^-，

紫色球为 Na$^+$，蓝绿色球为 Cl$^-$，红白点线为 H_2O

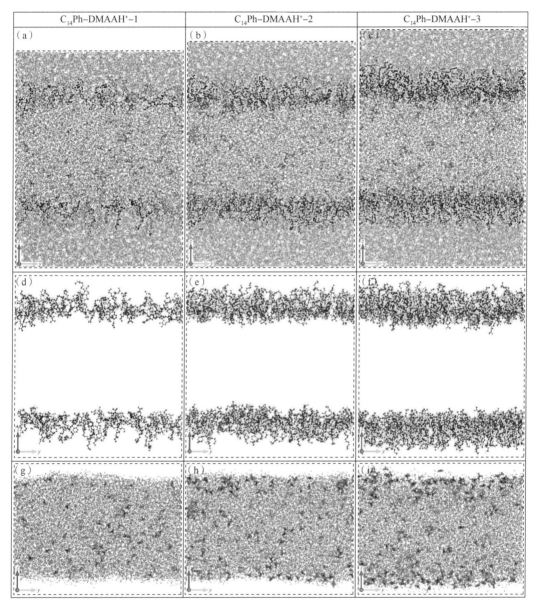

| C$_{14}$Ph–DMAAH$^+$–1 | C$_{14}$Ph–DMAAH$^+$–2 | C$_{14}$Ph–DMAAH$^+$–3 |

图 5.8　三种 C$_{14}$Ph–DMAAH$^+$ 含量十二烷—C$_{14}$Ph–DMAAH$^+$—NaCl 盐水体系平衡结构

（a）、（b）和（c）是模拟体系整体平衡结构；（d）、（e）和（f）是 C$_{14}$Ph–DMAAH$^+$ 单独组分的平衡构型；

（g）、（h）和（i）是单独 NaCl 盐水组分的平衡构型。图中红黑球棍模型是 HCO$_3^-$，

紫色球为 Na$^+$，蓝绿色球为 Cl$^-$，红白点线为 H$_2$O

5.1.3　十二烷—乙脒类表面活性剂—盐水体系界面张力

利用分子动力学模拟方法计算气液和液液界面张力的方法由 Kirkwood 和 Buff[25] 提出，计算公式为：

$$\gamma = \frac{1}{2} \int_0^{l_z} [p_n(z) - p_t(z)] \mathrm{d}z$$

式中　p_n——垂向压力分量，即 p_z；

　　　p_t——切向压力分量，即 $(p_x + p_y)/2$。

对于远离两相界面的体相环境(即纯盐水或纯十二烷烃相)，$p_n = p_t$，对应的 γ 为零，因此上述计算界面张力的积分公式的主要贡献来自两相界面处压力差异。上式可改写为：

$$\gamma = \frac{L_z}{2}(p_n - p_t) = \frac{L_z}{2}\left(p_z - \frac{p_x + p_y}{2}\right)$$

式中　L_z——模拟体系在 z 方向的尺寸。

据此公式可计算十二烷—乙脒类表面活性剂—盐水体系的界面张力。对于不含乙脒类表面活性剂的十二烷—NaCl 盐水体系，计算得到的界面张力约为 58.1mN/m(图 5.9)，与实验值(约为 54mN/m)结果一致，表明该界面张力的计算方法是可靠的。

图 5.9 给出了模拟计算所得的十二烷—C_{12}-DMAA—NaCl 盐水体系和十二烷—C_n-DMAAH$^+$—NaCl 盐水体系的界面张力。

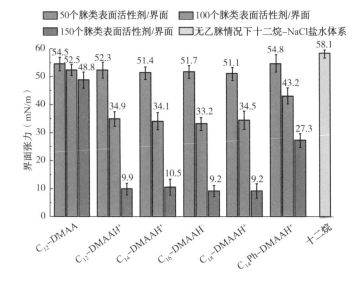

图 5.9　非质子态十二烷—C_{12}-DMAA—NaCl 盐水体系和质子态十二烷—C_{12}-DMAAH$^+$/C_{14}-DMAAH$^+$/
C_{16}-DMAAH$^+$/C_{18}-DMAAH$^+$/C_{14}Ph-DMAAH$^+$—NaCl 盐水体系的界面张力

非质子态十二烷—C_{12}-DMAA—NaCl 盐水体系(图 5.9)，随着 C_{12}-DMAA 含量的增加，体系的界面张力略微降低(C_{12}-DMAA-1 体系 54.5mN/m；C_{12}-DMAA-2 体系 52.5mN/m；C_{12}-DMAA-3 体系 48.8mN/m)。即使在高 C_{12}-DMAA 含量条件下，C_{12}-DMAA 也只能微弱地降低十二烷—盐水体系的界面张力。这表明非质子态 C_{12}-DMAA 很难降低界面能，不具有乳化十二烷—盐水体系的能力，这与前人的实验结果一致。

质子态十二烷—C_{12}-DMAAH$^+$/C_{14}-DMAAH$^+$/C_{16}-DMAAH$^+$/C_{18}-DMAAH$^+$—NaCl 盐水体系，随着体系中 C_n-DMAAH$^+$含量的增加，体系的界面张力显著降低(图 5.9)。以 C_{12}-

DMAAH⁺为例，随着 C_{12}-DMAAH⁺含量的增加，体系的界面张力分别为 52.3mN/m、34.9mN/m 和 9.9mN/m。这表明质子态 C_{12}-DMAAH⁺具有乳化十二烷—盐水体系的能力，这与前人的实验结果一致。C_{14}-DMAAH⁺、C_{16}-DMAAH⁺和 C_{18}-DMAAH⁺体系的界面张力与 C_{12}-DMAAH⁺体系基本一致，这表明烷烃尾链长度变化对体系界面张力的影响基本可以忽略。

质子态十二烷—C_{14} Ph-DMAAH⁺—NaCl 盐水体系（图 5.9），随着体系中 C_{14} Ph-DMAAH⁺含量的增加，体系的界面张力也显著降低（分别为 54.8mN/m、43.2mN/m 和 27.3mN/m）。但与质子态 C_n-DMAAH⁺体系相比，C_{14}Ph-DMAAH⁺体系的界面张力较高。这表明含有芳香环的 C_{14}Ph-DMAAH⁺虽然具有乳化烷烃—盐水体系的能力，但是效果略差于不含芳香环的 C_{12}-DMAAH⁺。

5.1.4　十二烷—乙脒类表面活性剂—盐水体系界面结构

5.1.4.1　十二烷—C_{12}-DMAA—NaCl 盐水体系氢键分析

径向分布函数可表示距离中心粒子 Ar 距离远处的 dr 微小距离范围内粒子 B 的出现概率（图 5.10）。其计算公式为：

$$G_{A-B}(r) = \frac{1}{4\pi \rho_B r^2} \frac{dN_{A-B}}{dr}$$

式中　ρ_B——粒子 B 的数量密度；

dN_{A-B}——距离中心粒子 A 在 $r \sim r + dr$ 范围内粒子 B 的数量。

将径向分布函数曲线对距离 r 积分，即可获得距离中心粒子 Ar 范围内粒子 B 的配位数。

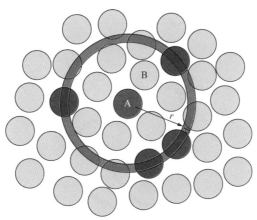

图 5.10　径向分布函数计算原理示意图

非质子态 C_{12}-DMAA 的氮（NG2D1 和 NG301）与水分子的氢 Hw 之间径向分布函数计算结果如图 5.11 所示，其峰值位置能够反映界面处 C_{12}-DMAA 与水分子之间是否能形成氢键。

三种 C_{12}-DMAA 含量条件下，C_{12}-DMAA 的 NG2D1 与水分子 Hw 的径向分布函数 $g(r)$ 在 1.93Å 距离处都出现一显著峰值[图 5.11（a）]。该峰位置与水分子 Ow 和 Hw 之间氢键距离（约 1.70Å）很接近。这表明界面处 C_{12}-DMAA 的 NG2D1 可作为氢键受体与水分子之间形成氢键，氢键距离约为 1.93Å。但是 C_{12}-DMAA 的 NG301 与水分子 Hw 的径向分布函数 $g(r)$ 在 2.0~2.5Å 距离并没有显著峰值出现[图 5.11(b)]，这表明 C_{12}-DMAA 的 NG301 不能与水分子形成氢键。三种 C_{12}-DMAA 含量条件下，NG2D1···Hw 径向分布函数 $g(r)$ 在第一个谷值位置处(2.65Å)的配位数 $n(r)$ 分别约为 0.97、0.79 和 0.67，该值可以近似表示每个 C_{12}-DMAA 的 NG2D1 所形成的氢键数量。由此可知，界面处绝大部分的 C_{12}-DMAA 能与水分子形成氢键(图 5.12)。

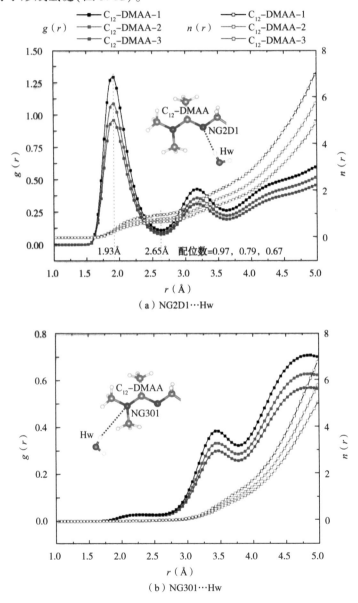

（a）NG2D1···Hw

（b）NG301···Hw

图 5.11　十二烷—C_{12}-DMAA—NaCl 盐水体系中非质子态 C_{12}-DMAA 与 H_2O 的径向分布函数 $g(r)$ 和配位数 $n(r)$

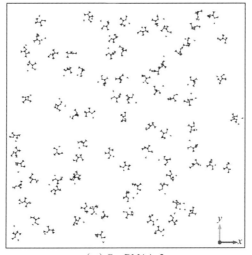

（a）C_{12}-DMAA-2

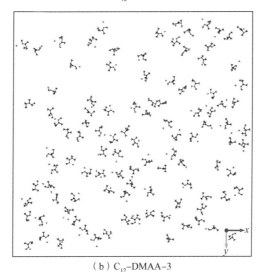

（b）C_{12}-DMAA-3

图 5.12　C_{12}-DMAA-2 和 C_{12}-DMAA-3 体系界面处 C_{12}-DMAA 和与之形成氢键的 H_2O 的构型图
为便于观察，C_{12}-DMAA 分子的烷烃尾链被隐藏未显示

综上所述，界面处绝大部分非质子态 C_{12}-DMAA 能以氢键受体形式（受体为 NG2D1）与界面处 H_2O 形成氢键。

5.1.4.2　十二烷—C_n-DMAAH$^+$—NaCl 盐水体系界面氢键分析

在质子态 C_{12}-DMAAH$^+$的氮 NG2P1 与 H_2O 的氢 Hw 和 HCO$_3^-$的氢 HGP1 之间径向分布函数计算结果中，并没有发现在氢键距离处出现峰值（未列图显示），这说明质子态C_{12}-DMAAH$^+$的氮不能作为氢键受体与 H_2O 和 HCO$_3^-$形成氢键。

三种 C_{12}-DMAAH$^+$含量条件下，质子态 C_{12}-DMAAH$^+$的质子 HGP2 与 H_2O 的氧 Ow 的径向分布函数 $g(r)$ 在 1.93Å 处都出现一显著峰值[图 5.13（a）]，这表明界面处 C_{12}-

DMAAH$^+$的HGP2可作为氢键供体与H$_2$O之间形成氢键，氢键距离约为1.93Å。三种C$_{12}$-DMAAH$^+$含量条件下，HGP2⋯Ow径向分布函数$g(r)$在第一个谷值位置处(2.75Å)的配位数$n(r)$分别约为0.92、0.87和0.83，该值可以近似表示每个C$_{12}$-DMAAH$^+$的HGP2与H$_2$O的Ow所形成的氢键数量。由此可知，界面处绝大部分的C$_{12}$-DMAAH$^+$能以氢键供体形式与H$_2$O形成氢键(图5.14)。

三种C$_{12}$-DMAAH$^+$含量条件下，质子态C$_{12}$-DMAAH$^+$的质子HGP2与HCO$_3^-$的OG2D2的径向分布函数$g(r)$在1.85Å处都出现一显著峰值[图5.13(b)]，这表明界面处C$_{12}$-DMAAH$^+$的HGP2可作为氢键供体与HCO$_3^-$的OG2D2之间形成氢键，氢键距离约为1.93Å。C$_{12}$-DMAAH$^+$的HGP2与HCO$_3^-$的OG311的径向分布函数$g(r)$在2.25Å处都出现宽峰[图5.13(c)]，这表明界面处C$_{12}$-DMAAH$^+$的HGP2与HCO$_3^-$的OG311之间形成的氢键很弱。但是，三种C$_{12}$-DMAAH$^+$含量条件下，HGP2⋯OG2D2径向分布函数$g(r)$第一个谷值位置处(2.57Å)的配位数$n(r)$分别约为0.003、0.014和0.028，这表明C$_{12}$-DMAAH$^+$与HCO$_3^-$所形成的氢键数量极低。由此可知，界面处只有极少量C$_{12}$-DMAAH$^+$能以氢键供体形式与HCO$_3^-$形成氢键。

三种C$_{12}$-DMAAH$^+$含量条件下，界面处HCO$_3^-$的HGP1与H$_2$O的Ow的径向分布函数$g(r)$在1.78Å处出现显著峰值，在谷值位置2.40Å处的配位数$n(r)$分别为0.88、0.83和0.76[图5.15(a)]，这表明HCO$_3^-$能以氢键供体形式与H$_2$O形成大量氢键。界面处HCO$_3^-$的OG2D2与H$_2$O的Hw的径向分布函数$g(r)$在1.62Å处出现显著峰值，在谷值位置2.27Å处的配位数$n(r)$分别为2.80、2.70和2.63[图5.15(b)]；界面处HCO$_3^-$的OG311与H$_2$O的Hw的径向分布函数$g(r)$在1.92Å处出现显著峰值，在谷值位置2.27Å处的配位数$n(r)$分别为0.68、0.63和0.57[图5.15(c)]。这表明HCO$_3^-$能以氢键受体形式与H$_2$O形成大量氢键。

其他几种烷烃尾链长度不同的质子态C$_n$-DMAAH$^+$[C$_{14}$-DMAAH$^+$(图5.16、图5.17)、C$_{16}$-DMAAH$^+$(图5.18、图5.19)、C$_{18}$-DMAAH$^+$(图5.20、图5.21)]在界面处的氢键结构与C$_{12}$-DMAAH$^+$的氢键结构基本一致，界面处HCO$_3^-$的氢键结构也基本一致。

综上所述，界面处绝大部分的质子态C$_n$-DMAAH$^+$能以氢键供体形式与界面处H$_2$O形成氢键；极少量C$_n$-DMAAH$^+$能以氢键供体形式与界面处HCO$_3^-$形成氢键。质子态C$_n$-DMAAH$^+$不能以氢键受体形式与H$_2$O或HCO$_3^-$形成氢键。界面处的HCO$_3^-$能以氢键供体和受体的形式与H$_2$O形成大量氢键。

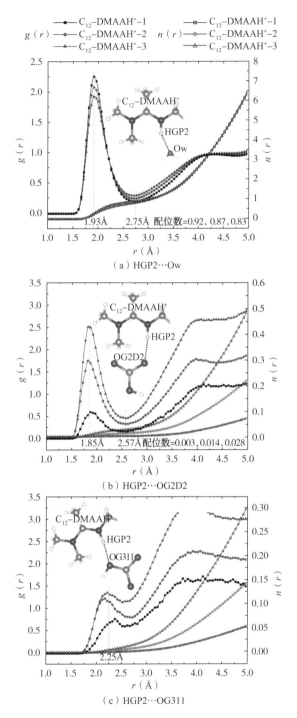

图 5.13　十二烷—C_{12}-DMAAH$^+$—NaCl 盐水体系中质子态 C_{12}-DMAAH$^+$与
H_2O、HCO_3^-的径向分布函数 $g(r)$和配位数 $n(r)$

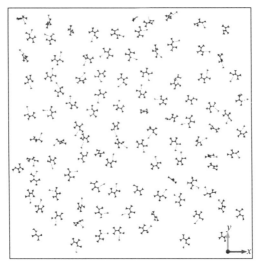

（a）C_{12}-DMAAH$^+$-2

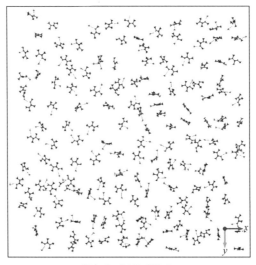

（b）C_{12}-DMAAH$^+$-3

图 5.14　C_{12}-DMAAH$^+$-2 和 C_{12}-DMAAH$^+$-3 体系界面处 C_{12}-DMAAH$^+$ 和
与之形成氢键的 H_2O 和 HCO_3^- 的构型图

为便于观察，C_{12}-DMAAH$^+$ 分子的烷烃尾链被隐藏未显示

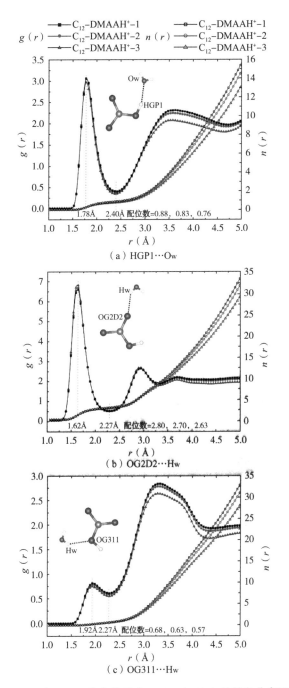

（a）HGP1⋯Ow

（b）OG2D2⋯Hw

（c）OG311⋯Hw

图 5.15 十二烷—C_{12}-DMAAH$^+$—NaCl 盐水体系中 HCO_3^- 与 H_2O 的径向分布函数 $g(r)$ 和配位数 $n(r)$

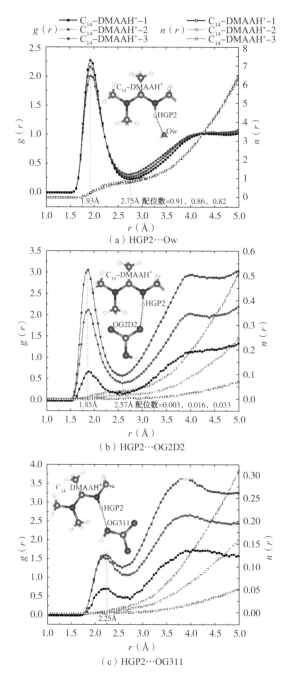

图 5.16 十二烷—C$_{14}$-DMAAH$^+$—NaCl 盐水体系中质子态 C$_{14}$-DMAAH$^+$ 与 H$_2$O、HCO$_3^-$ 的径向分布函数 $g(r)$ 和配位数 $n(r)$

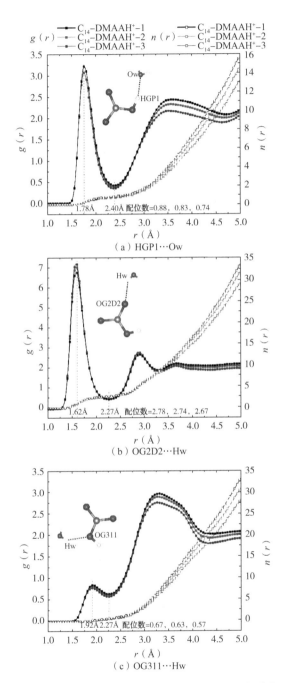

图 5.17 十二烷—C$_{14}$-DMAAH$^+$—NaCl 盐水体系中 HCO$_3^-$ 与 H$_2$O 的径向分布函数 $g(r)$ 和配位数 $n(r)$

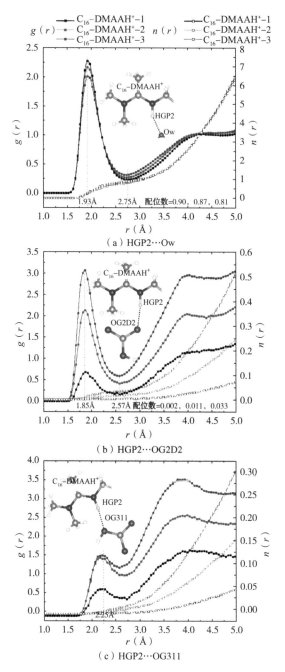

图 5.18　十二烷—C_{16}-DMAAH$^+$—NaCl 盐水体系中质子态 C_{16}-DMAAH$^+$与
H_2O、HCO_3^- 的径向分布函数 $g(r)$ 和配位数 $n(r)$

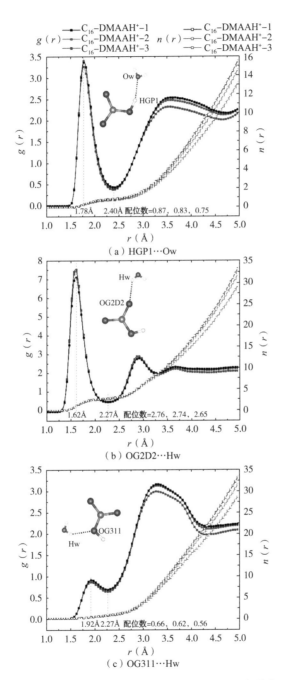

（a）HGP1···Ow

（b）OG2D2···Hw

（c）OG311···Hw

图 5.19　十二烷—C_{16}-DMAAH$^+$—NaCl 盐水体系中 HCO_3^- 与 H_2O 的径向分布函数 $g(r)$ 和配位数 $n(r)$

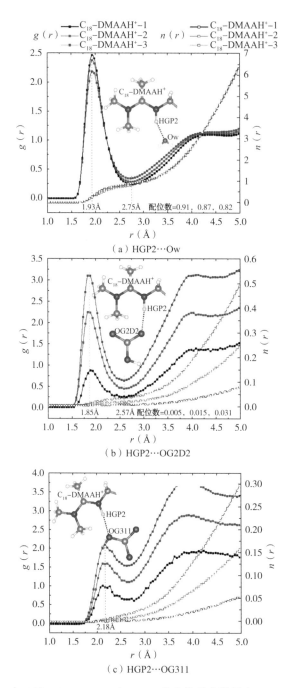

图 5.20 十二烷—C_{18}-DMAAH$^+$—NaCl 盐水体系中质子态 C_{18}-DMAAH$^+$ 与 H_2O、HCO_3^- 的径向分布函数 $g(r)$ 和配位数 $n(r)$

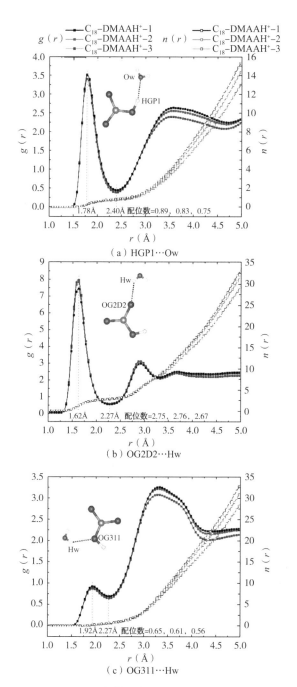

图 5.21 十二烷—C$_{18}$-DMAAH$^+$—NaCl 盐水体系中 HCO$_3^-$ 与 H$_2$O 的径向分布函数 $g(r)$ 和配位数 $n(r)$

5.1.4.3 十二烷—C$_{14}$Ph-DMAAH$^+$—NaCl 盐水界面氢键分析

在质子态 C$_{14}$Ph-DMAAH$^+$ 的氮 NG2P1 与 H$_2$O 的氢 Hw 和 HCO$_3^-$ 的 HGP1 之间径向分布函数的计算结果中，并没有发现在氢键距离处出现峰值（未列图显示），说明质子后的 C$_{14}$Ph-DMAAH$^+$ 的氮不能作为氢键受体与 H$_2$O 和 HCO$_3^-$ 形成氢键。

三种 C$_{14}$Ph-DMAAH$^+$ 含量条件下，质子态 C$_{14}$Ph-DMAAH$^+$ 的质子 HGP2 与 H$_2$O 的氧 Ow 的径向分布函数 $g(r)$ 在 1.75Å 处都出现一显著峰值，$g(r)$ 第一个谷值位置处（2.50Å）的配位数 $n(r)$ 分别约为 0.94、0.70 和 0.43［图 5.22（a）］。质子态 C$_{14}$Ph-DMAAH$^+$ 的质子 HGP2 与 HCO$_3^-$ 的 OG2D2 的径向分布函数 $g(r)$ 在 1.65Å 处都出现一显著峰值，$g(r)$ 第一个谷值位置处（2.50Å）的配位数 $n(r)$ 分别约为 0.006、0.34 和 0.65［图 5.22（b）］。这表明界面处 C$_{14}$Ph-DMAAH$^+$ 可作为氢键供体与 H$_2$O 和 HCO$_3^-$ 之间形成氢键（图 5.23）。并且随着 C$_{14}$Ph-DMAAH$^+$ 含量的增加（对应的 HCO$_3^-$ 含量也增加），C$_{14}$Ph-DMAAH$^+$ 形成的氢键中 HCO$_3^-$ 所占比例增加。

三种 C$_{14}$Ph-DMAAH$^+$ 含量条件下，界面处 HCO$_3^-$ 的 HGP1 与 H$_2$O 的 Ow 的径向分布函数 $g(r)$ 在 1.78Å 出现显著的峰，在谷值位置 2.40Å 处的配位数 $n(r)$ 分别为 0.88、0.83 和 0.75［图 5.24（a）］，表明 HCO$_3^-$ 作为氢键供体与 H$_2$O 形成大量氢键。界面处 HCO$_3^-$ 的 OG2D2 与 H$_2$O 的 Hw 的径向分布函数 $g(r)$ 在 1.62Å 出现显著的峰，在谷值位置 2.27Å 处的配位数 $n(r)$ 分别为 2.73、2.53 和 2.29［图 5.24（b）］；界面处 HCO$_3^-$ 的 OG311 与 H$_2$O 的 Hw 的径向分布函数 $g(r)$ 在 1.92Å 出现一弱峰，在谷值位置 2.27Å 处的配位数 $n(r)$ 分别为 0.67、0.57 和 0.49［图 5.24（c）］。这表明 HCO$_3^-$ 能以氢键受体形式与 H$_2$O 形成大量氢键。

5.1.5 C$_{12}$-DMAA、C$_{12}$-DMAAH$^+$、C$_{18}$-DMAAH$^+$ 和 C$_{14}$Ph-DMAAH$^+$ 的极性基团的几何构型

5.1.5.1 C$_{12}$-DMAA 的极性基团的几何构型

三种 C$_{12}$-DMAA 含量条件下，界面处非质子态 C$_{12}$-DMAA 的极性基团的空间结构如图 5.25 所示。N1、C4 和 C5 三原子构成面 N1C4C5［蓝色三角形，图 5.25（a）］，C3、C4 和 C5 三原子构成面 C3C4C5［红色三角形，图 5.25（a）］，两个面的法向量之间的夹角集中分布在 41°±10° 之间，这表明 N1 不在面 C3C4C5 内。C3、N1 和 N2 三原子构成面 C3N1N2［蓝色三角形，图 5.25（b）］，C6、N1 和 N2 三原子构成面 C6N1N2［红色三角形，图 5.25（b）］，两个面的法向量之间的夹角集中分布在 0°~10° 之间［图 5.25（b）］，这表明 C6、C3、N1 和 N2 四原子共面。面 N1C4C5 与面 C3N1N2 的法向量之间的夹角集中分布在 90°±10° 之间［图 5.25（c）］，这表明面 N1C4C5 与面 C3N1N2 相互垂直。由此可知，非质子态 C$_{12}$-DMAA 的极性基团的原子不在同一平面内：C6、C3、N1 和 N2 四原子构成的面与 C4、C5 和 N1 三原子构成的面相互垂直。此外，界面处 C$_{12}$-DMAA 含量的高低不影响 C$_{12}$-DMAA 自身极性基团的几何构型。

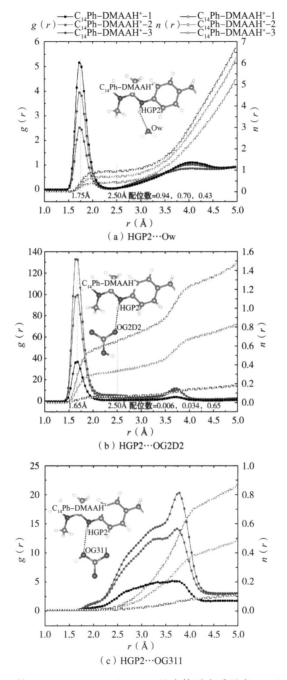

图 5.22　十二烷—C_{14}Ph–DMAAH$^+$—NaCl 盐水体系中质子态 C_{14}Ph–DMAAH$^+$ 与
H_2O、HCO_3^- 的径向分布函数 $g(r)$ 和配位数 $n(r)$

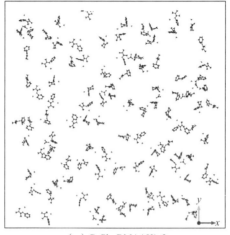

（a）C$_{14}$Ph-DMAAH$^+$-2

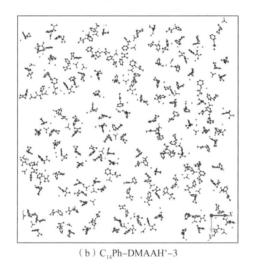

（b）C$_{14}$Ph-DMAAH$^+$-3

图 5.23　C$_{14}$Ph-DMAAH$^+$-2 和 C$_{14}$Ph-DMAAH$^+$-3 体系界面处 C$_{14}$Ph-DMAAH$^+$ 和

与之形成氢键的 H$_2$O 和 HCO$_3^-$ 的构型图

为便于观察，C$_{14}$Ph-DMAAH$^+$ 分子的烷烃尾链被隐藏未显示

5.1.5.2　C$_{12}$-DMAAH$^+$ 的极性基团的几何构型

三种 C$_{12}$-DMAAH$^+$ 含量条件下，界面处质子态 C$_{12}$-DMAAH$^+$ 的极性基团的空间结构如图 5.26 所示。面 N1C4C5［蓝色三角形，图 5.26（a）］与面 C3C4C5［红色三角形，图 5.26（a）］的法向量之间的夹角集中分布在 0°～10°之间，这表明 N1、C3、C4 和 C5 四原子共面。面 C3N1N2［蓝色三角形，图 5.26（b）］与面 C6N1N2［红色三角形，图 5.26（b）］的法向量之间的夹角集中分布在 0°～10°之间，这表明 C6、C3、N1 和 N2 四原子共面。面 N1C4C5［红色三角形，图 5.26（c）］与面 C3N1N2［蓝色三角形，图 5.26（c）］的法向量之间的夹角集中分布在 170°±10°之间，这表明面 N1C4C5 与面 C3N1N2 基本在同一平面内。由此可知，质子态 C$_{12}$-DMAAH$^+$ 的极性基团的构成原子基本处于同一平面内。N2 和 H12 两

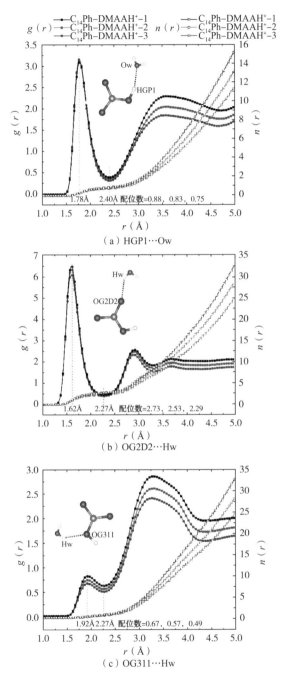

图 5.24　十二烷—$C_{14}Ph$–DMAAH$^+$—NaCl 盐水体系中 HCO$_3^-$ 与
H$_2$O 的径向分布函数 $g(r)$ 和配位数 $n(r)$

原子构成的向量$\overrightarrow{N2H12}$与面 C3N1N2 的法向量的夹角集中分布在 90°±10°之间[图 5.26（d）]，这表明质子 H12 基本与 C_{12}-DMAAH$^+$ 的极性基团共面。此外，界面处 C_{12}-DMAAH$^+$ 含量的高低不影响 C_{12}-DMAAH$^+$ 自身极性基团的几何构型。

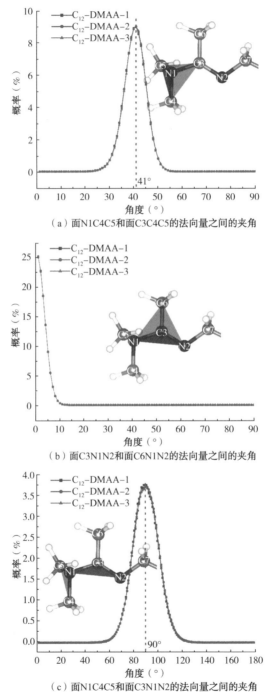

（a）面N1C4C5和面C3C4C5的法向量之间的夹角

（b）面C3N1N2和面C6N1N2的法向量之间的夹角

（c）面N1C4C5和面C3N1N2的法向量之间的夹角

图 5.25　十二烷—C_{12}-DMAA—NaCl 盐水体系界面处非质子态 C_{12}-DMAA 极性基团的几何构型

原子 N1、N2、C3、C4、C5 和 C6 构成 C_{12}-DMAA 极性基团

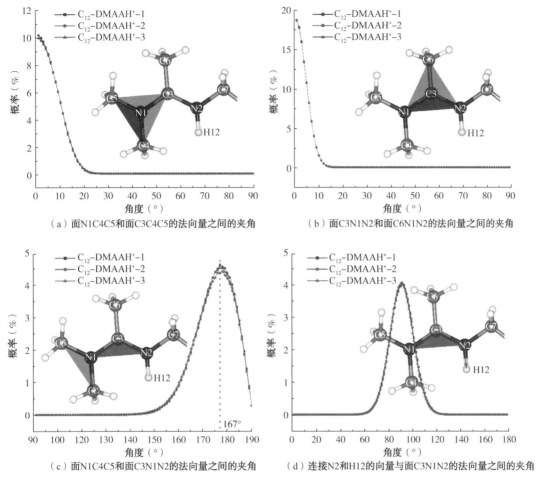

（a）面N1C4C5和面C3C4C5的法向量之间的夹角

（b）面C3N1N2和面C6N1N2的法向量之间的夹角

（c）面N1C4C5和面C3N1N2的法向量之间的夹角

（d）连接N2和H12的向量与面C3N1N2的法向量之间的夹角

图5.26　十二烷—C$_{12}$-DMAAH$^+$—NaCl盐水体系界面处质子态C$_{12}$-DMAAH$^+$极性基团的几何构型

原子N1、N2、C3、C4、C5、C6和H12构成C$_{12}$-DMAAH$^+$极性基团

5.1.5.3　C$_{18}$-DMAAH$^+$的极性基团的几何构型

三种C$_{18}$-DMAAH$^+$含量条件下，界面处质子态C$_{18}$-DMAAH$^+$的极性基团的空间结构如图5.27所示。面N1C4C5［蓝色三角形，图5.27（a）］与面C3C4C5［红色三角形，图5.27（a）］的法向量之间的夹角集中分布在0°~10°之间，这表明N1、C3、C4和C5四原子共面。面C3N1N2［蓝色三角形，图5.27（b）］与面C6N1N2［红色三角形，图5.27（b）］的法向量之间的夹角集中分布在0°~10°之间，这表明C6、C3、N1和N2四原子共面。面N1C4C5［红色三角形，图5.27（c）］与面C3N1N2［蓝色三角形，图5.27（c）］的法向量之间的夹角集中分布在170°±10°之间，这表明面N1C4C5与面C3N1N2基本在同一平面内。由此可知，质子态C$_{18}$-DMAAH$^+$的极性基团的构成原子基本处于同一平面内。N2和H12两原子构成的向量$\overrightarrow{N2H12}$与面C3N1N2的法向量的夹角集中分布在90°±10°之间［图5.27（d）］，这表明质子H12基本与C$_{18}$-DMAAH$^+$的极性基团共面。此外，界面处C$_{18}$-DMAAH$^+$含量的高低不影响C$_{18}$-DMAAH$^+$自身极性基团的几何构型。

与 C_{12}-DMAAH$^+$(图 5.26)对比可知，C_{18}-DMAAH$^+$ 与 C_{12}-DMAAH$^+$ 的极性基团的几何结构基本无差别，由此可知，尾链烷烃的长短对长链质子态 C_n-DMAAH$^+$ 极性基团的几何结构基本没有影响。

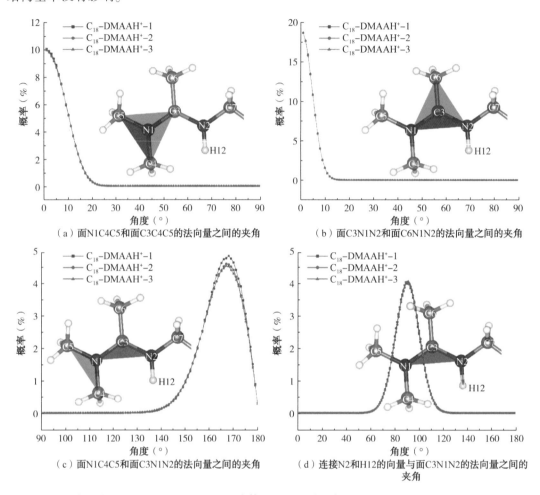

图 5.27　十二烷—C_{18}-DMAAH$^+$—NaCl 盐水体系界面处质子态 C_{18}-DMAAH$^+$ 极性基团的几何构型
原子 N1、N2、C3、C4、C5、C6 和 H12 构成 C_{18}-DMAAH$^+$ 极性基团

5.1.5.4　C_{14}Ph-DMAAH$^+$ 的极性基团的几何构型

三种 C_{14}Ph-DMAAH$^+$ 含量条件下，界面处质子态 C_{14}Ph-DMAAH$^+$ 的极性基团的空间结构如图 5.28 所示。面 N1C4C5[蓝色三角形，图 5.28(a)]与面 C3C4C5[红色三角形，图 5.28(a)]的法向量之间的夹角集中分布在 0°~10°之间，这表明 N1、C3、C4 和 C5 四原子共面。面 C3N1N2[蓝色三角形，图 5.28(b)]与面 C6N1N2[红色三角形，图 5.28(b)]的法向量之间的夹角集中分布在 0°~10°之间，这表明 C6、C3、N1 和 N2 四原子共面。面 N1C4C5[红色三角形，图 5.28(c)]与面 C3N1N2[蓝色三角形，图 5.28(c)]的法向量之间的夹角集中分布在 170°±10°之间，这表明面 N1C4C5 与面 C3N1N2 基本在同一平面内。由此可知，质子态 C_{14}Ph-DMAAH$^+$ 的极性基团的构成原子基本处于同一平面内。N2 和 H16 两原子

构成的向量N2H16与面 C3N1N2 的法向量的夹角集中分布在 90°±10°之间［图 5.28（d）］，这表明质子 H16 基本与 $C_{14}Ph-DMAAH^+$ 的极性基团共面。此外，界面处 $C_{14}Ph-DMAAH^+$ 含量的高低不影响 $C_{14}Ph-DMAAH^+$ 自身极性基团的几何构型。

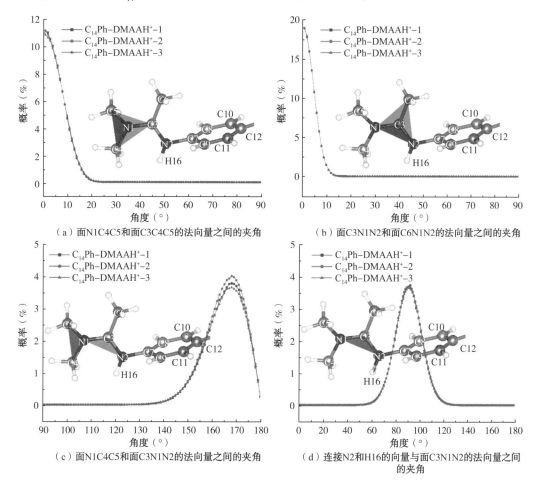

图 5.28　十二烷—$C_{14}Ph-DMAAH^+$—NaCl 盐水体系界面处质子态 $C_{14}Ph-DMAAH^+$ 极性基团的几何构型

原子 N1、N2、C3、C4、C5、C6 和 H16 构成 $C_{14}Ph-DMAAH^+$ 极性基团；

原子 C7、C8、C9、C10、C11 和 C12 构成苯环

　　面 C6N1N2 与苯环面 C7C8C9C10C11C10 的法向量之间的夹角集中分布在 60°～120°之间（图 5.29），在 90°附近达到概率分布的峰值，这表明 $C_{14}Ph-DMAAH^+$ 极性基团所在面与苯环所在面倾向相互垂直。

　　综上所述，非质子态 C_n-DMAA 极性基团的构成原子形成近似垂直的两个面（面 N1C4C5 和面 C6C3N1N2）。质子态 $C_n-DMAAH^+$ 极性基团的构成原子基本处于同一平面。质子态 $C_{14}Ph-DMAAH^+$ 极性基团的构成原子也基本共面，但与紧邻的苯环面几乎垂直。界面处 C_n-DMAA 或 $C_n-DMAAH^+$ 的含量对其自身极性基团的几何构型基本没影响。

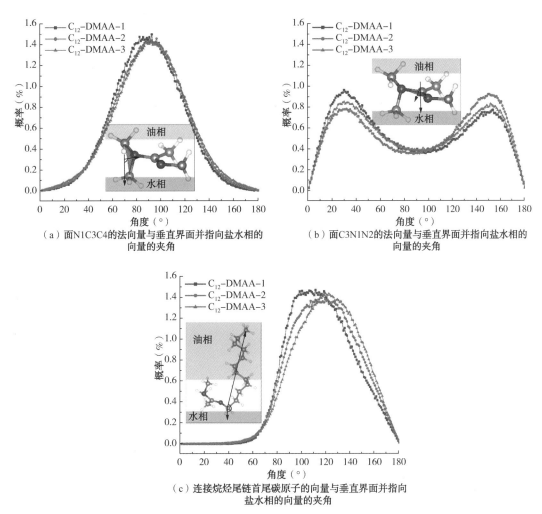

（a）面N1C3C4的法向量与垂直界面并指向盐水相的
向量的夹角

（b）面C3N1N2的法向量与垂直界面并指向盐水相的
向量的夹角

（c）连接烷烃尾链首尾碳原子的向量与垂直界面并指向
盐水相的向量的夹角

图5.30　十二烷—C12-DMAA—NaCl 盐水体系界面处非质子态 C12-DMAA 分子的空间分布结构

质子态 C12-DMAAH+ 尾链构成的向量与垂直于界面并指向盐水相的向量之间的夹角大于 90°[图 5.31(b)]，表明其烷烃尾链溶于烷烃相。并且随着 C12-DMAAH+ 含量的增加，角度分布趋向更大角度，说明其烷烃尾链趋向垂直油水界面并溶于烷烃相。

C18-DMAAH+（图 5.32）与 C12-DMAAH+（图 5.31）在油水界面处的空间分布结构基本无差别，说明尾链烷烃的长短对长链质子态 Cn-DMAAH+ 在油水界面处的空间分布结构基本没有影响。

在高含量条件下，非质子态 C12-DMAA 和质子态 C12-DMAAH+ 在油水界面处的空间分布结构有显著差异。非质子态 C12-DMAA 极性基团更易扭转变形（面 N1C4C5 与面 C3N1N2 相互垂直），因而能保持面 C3N1N2 近似平行于油水界面。但是质子态 C12-DMAAH+ 的极性基团刚性较强（面 N1C4C5 与面 C3N1N2 近似共面），保持平面几何结构。随着 C12-DMAAH+ 含量增加，空间限制效应导致 C12-DMAAH+ 的极性基团倾向于斜交和垂直于油水界面。

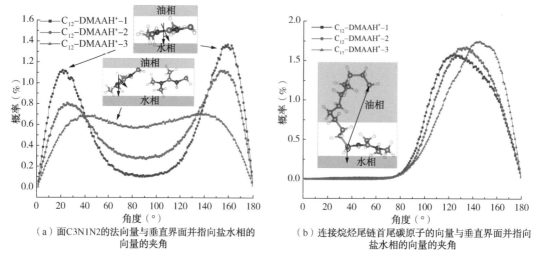

（a）面C3N1N2的法向量与垂直界面并指向盐水相的
向量的夹角

（b）连接烷烃尾链首尾碳原子的向量与垂直界面并指向
盐水相的向量的夹角

图 5.31　十二烷—C_{12}-DMAAH+—NaCl 盐水体系界面处质子态 C_{12}-DMAAH+分子的空间分布结构

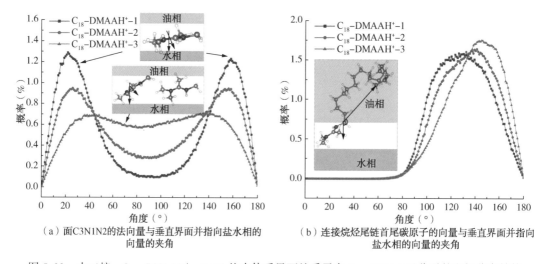

（a）面C3N1N2的法向量与垂直界面并指向盐水相的
向量的夹角

（b）连接烷烃尾链首尾碳原子的向量与垂直界面并指向
盐水相的向量的夹角

图 5.32　十二烷—C_{18}-DMAAH+—NaCl 盐水体系界面处质子态 C_{18}-DMAAH+分子的空间分布结构

5.1.6.3　C_{14}Ph-DMAAH+在油水界面处的空间分布结构

三种 C_{14}Ph-DMAAH+含量条件下，界面处质子态 C_{14}Ph-DMAAH+在界面处的空间分布结构如图 5.33 所示。C_{14}Ph-DMAAH+的极性基团构成原子是共面的。在低 C_{14}Ph-DMAAH+含量条件下，C_{14}Ph-DMAAH+的极性基团所在平面的法向量与垂直于界面并指向盐水相的向量之间的夹角主要分布于 $40° \sim 140°$ 之间[图 5.33（a）]，表明 C_{14}Ph-DMAAH+的极性基团倾向于斜角与油水界面。随着 C_{14}Ph-DMAAH+含量的增加，趋向 $90°$ 的分布概率显著增加，表明 C_{14}Ph-DMAAH+的极性基团垂直于界面的空间分布概率显著增加。界面处质子态 C_{14}Ph-DMAAH+尾链构成的向量与垂直于界面并指向盐水相的向量之间的夹角大于 $90°$[图 5.33（b）]，表明其烷烃尾链溶于烷烃相。并且随着 C_{14}Ph-DMAAH+含量的增加，角度分布趋向更大角度，说明其烷烃尾链趋向垂直油水界面并溶于烷烃相。即非质子

态 C_{12}-DMAA 极性基团更易扭转变形，以保持面 C3N1N2 近似平行于油水界面。质子态 C_{12}-DMAAH$^+$、C_{18}-DMAAH$^+$ 和 C_{14}Ph-DMAAH$^+$ 的极性基团刚性较强，具有平面几何结构。空间限制效应导致 C_{12}-DMAAH$^+$、C_{18}-DMAAH$^+$ 和 C_{14}Ph-DMAAH$^+$ 的极性基团在高含量条件下更倾向于斜交和垂直于油水界面。

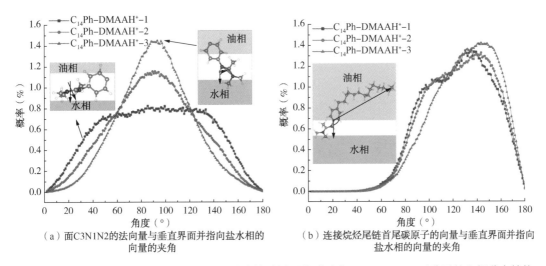

（a）面C3N1N2的法向量与垂直界面并指向盐水相的向量的夹角　　（b）连接烷烃尾链首尾碳原子的向量与垂直界面并指向盐水相的向量的夹角

图 5.33　十二烷—C_{14}Ph-DMAAH$^+$—NaCl 盐水体系界面处质子态 C_{14}Ph-DMAAH$^+$ 分子的空间分布结构

5.1.7　十二烷—乙脒类表面活性剂—盐水体系界面势能

分子动力学模拟体系的总势能 U_{total} 由分子间的相互作用势能 U_{inter} 和分子内的相互作用势能 U_{intra} 两部分共同组成。分子间的相互作用势 U_{inter} 可进一步分成范德华相互作用势 U_{VDW} 和静电作用势 U_{coul}（即库仑相互作用）。分子内相互作用势 U_{intra} 主要包括键长伸缩项 U_{bond}、键角弯曲项 U_{angle} 和二面角扭曲项 $U_{dihedral}$。据此，总势能 U_{total} 计算式为：

$$U_{total} = U_{inter} + U_{intra} = U_{VDW} + U_{coul} + U_{bond} + U_{angle} + U_{dihedral} \tag{5.1}$$

5.1.7.1　范德华相互作用势

若模拟体系中原子 A 和 B 属于同一分子，并且两者间的距离大于两个相邻化学键（如 A—C—C—B 分子的 A 和 B)或 A 和 B 分别属于两个分子，那么原子 A 和 B 之间存在非键结的范德华作用（图 5.34)。通常将范德华作用力分为排斥力和弥散力。排斥力源于泡利不相容原理，即相同自旋的电子不能占据相同位置。弥散力源于原子瞬时诱导偶极之间所产生的瞬时吸引力。范德华作用势最常用的表达形式为 Lennard-Jones 势（即 L-J 势)，而 L-J 势最为广泛采用的表达形式为：

$$U_{LJ} = 4\pi \varepsilon_{ij} \left[\left(\frac{\sigma}{r_{ij}} \right)^{12} - \left(\frac{\sigma}{r_{ij}} \right)^{6} \right] \tag{5.2}$$

式中　r_{ij}——原子 i 和 j 之间的距离；

　　　ε_{ij}、σ_{ij}——力场参数，σ_{ij} 反映了原子 i 和 j 之间的平衡距离，σ_{ij} 则反映了 U_{LJ} 曲线的势井深度。

U_{LJ} 中，r_{ij}^{-12} 项为排斥项，r_{ij}^{-6} 项为吸引项，当 r_{ij} 很大时，U_{LJ} 趋近于零。这表明范德华

作用为短程作用。当原子之间相距很远时，原子对之间的范德华作用可以忽略。因此，分子动力学模拟在计算范德华势时通常采用截断策略在保证计算精度条件下降低计算量。定义截断半径r_{cut}，当$r_{ij} > r_{cut}$时，L-J 势可以直接截断为零。不同类型原子之间的 L-J 势能参数ε_{ij}和σ_{ij}由各自同类型原子对之间的参数ε_{ii}和σ_{ii}按照一定的规则混合而得。最常用的混合规则有两种：Lorentz-Berthelot 混合规则 $\left[\varepsilon_{ij} = \sqrt{\varepsilon_{ii}\varepsilon_{jj}}, \ \sigma_{ij} = (\sigma_{ii}+\sigma_{jj})/2\right]$ 和几何混合规则 $\left(\varepsilon_{ij} = \sqrt{\varepsilon_{ii}\varepsilon_{jj}}, \ \sigma_{ij} = \sqrt{\sigma_{ii}\sigma_{jj}}\right)$。

5.1.7.2 静电相互作用势

离子或分子中的原子都带有部分电荷，因此这些带电粒子间存在静电吸引作用或静电排斥作用(图 5.34)。静电作用势的表达式为：

$$U_{coul} = \frac{1}{4\pi\varepsilon_0}\frac{q_i q_j}{r_{ij}} \tag{5.3}$$

式中 q_i和q_j——原子 i 和 j 所带的电荷量；

        r_{ij}——原子 i 和 j 之间的距离；

        ε_0——真空介电常数。

常见的经验力场一般不考虑极化效应，因此计算过程中粒子的电荷值保持不变。静电作用为长程作用，计算方法包括 Ewald、PME 和 PPPM 等。

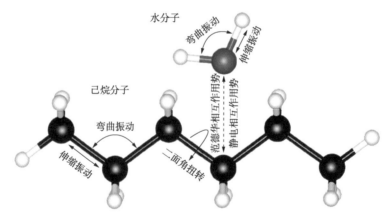

图 5.34   分子动力学模拟体系中各种相互作用势能示意图

5.1.7.3 键长伸缩项

分子内原子间化学键(如水的 O—H 键，烷烃分子中的 C—C 键、C—H 键)的键长会在平衡键长值附近做微小幅度的伸缩振动。描述化学键伸缩振动势能称为键长伸缩项(U_{bond})。简谐振动是其最常用的数学表达形式：

$$U_{bond} = \frac{1}{2}k_b\left(r - r_0\right)^2 \tag{5.4}$$

式中 r——键结原子间距离；

        r_0——平衡距离；

        k_b——键伸缩的弹力常数。

弹力常数越大，化学键伸缩越快，伸缩频率越高。

5.1.7.4 键角弯曲项

分子中连续键结的三个原子形成键角。例如，水分子的 H—O—H，烷烃分子的 C—C—C、C—C—H(图 5.34)。与化学键的伸缩振动相似，键角也会在其平衡值附近做微幅振动。其最常用的数学表达形式也为简谐振动：

$$U_{angle} = \frac{1}{2} k_\theta (\theta - \theta_0)^2 \tag{5.5}$$

式中　θ 和 θ_0——实际键角和平衡键角；

　　　k_θ——键角弯曲的弹力常数。

5.1.7.5 二面角扭转项

分子中连续键结的四个原子会形成二面角，如烷烃分子中的 H—C—C—C、C—C—C—C(图 5.34)。分子中的二面角一般易于扭转，其常用的数学表达形式为：

$$U_{dihedral} = \sum K_\phi [1 + \cos(n\phi - \delta)] \tag{5.6}$$

式中　K_ϕ——二面角扭曲项的弹力常数，描述二面角旋转难易程度；

　　　n——整数，表示键从 0° 到 360° 旋转过程中的能量极小值的个数；

　　　ϕ——二面角的角度值；

　　　δ——相因子，指单键旋转通过能量最小值时的二面角值。

从微观角度来看，油水界面性质主要受控于界面处各组分之间的分子间作用力，即范德华相互作用和静电力相互作用，进而表现出宏观现象上的差异，如界面结构和界面张力的差异。因此，研究非质子态 C_n-DMAA 和质子态 C_n-DMAAH$^+$ 在油水界面处与烷烃组分、NaCl 盐水组分和 HCO$_3^-$ 组分之间的范德华势能和静电势能的差异，有助于揭示 CO$_2$ 响应型乙脒类表面活性剂乳化—破乳性能转变的微观机理。

不同含量条件下，非质子态 C_{12}-DMAA 和质子态 C_{12}-DMAAH$^+$ 与烷烃组分、H$_2$O 组分、Cl$^-$ 组分、Na$^+$ 组分和 HCO$_3^-$ 组分之间的范德华势能和静电势能计算结果如图 5.35 所示。

三种 C_{12}-DMAA 含量条件下，非质子态 C_{12}-DMAA 和烷烃组分之间的范德华势能低于其与 H$_2$O 组分、Cl$^-$ 组分和 Na$^+$ 组分之间的范德华势能[图 5.35(a)、图 5.35(c) 和图 5.35(e)]。三种 C_{12}-DMAAH$^+$ 含量条件下，质子态 C_{12}-DMAAH$^+$ 与烷烃组分的范德华势能也显著低于其与 H$_2$O 组分、Cl$^-$ 组分和 Na$^+$ 组分之间的范德华势能[图 5.35(a)、图 5.35(c) 和图 5.35(e)]。随着 C_{12}-DMAA 或 C_{12}-DMAAH$^+$ 含量的增加，相应的范德华势能都趋于降低，这是由于势能是广延量的性质所决定的。烷烃组分、H$_2$O 组分、Cl$^-$ 组分、Na$^+$ 组分和 HCO$_3^-$ 组分的含量保持不变，增加的 C_{12}-DMAA 或 C_{12}-DMAAH$^+$ 组分含量导致势能降低。

相同含量条件下，对比非质子态 C_{12}-DMAA 与各组分间范德华势能，与质子态 C_{12}-DMAAH$^+$ 和各组分间范德华势能，它们之间的差异相对模拟体系大小而言，可以认为无差别[图 5.35(a)、图 5.35(c) 和图 5.35(e)]。这表明范德华作用力并不是导致质子态 C_{12}-DMAAH$^+$ 显著降低烷烃—盐水界面张力的主要原因。

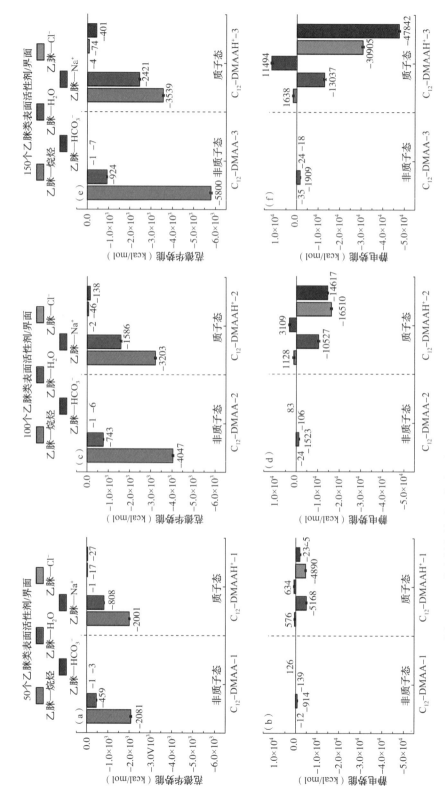

图5.35 三种含量条件下，非质子态C_{12}-DMAA组分和质子态C_{12}-DMAAH$^+$组分与烷烃组分、
H_2O组分、Cl$^-$组分、Na$^+$组分和HCO_3^-组分之间的范德华势能和静电势能

相同含量条件下，质子态 C_{12}-DMAAH$^+$ 和 H_2O 组分、Cl$^-$ 组分和 HCO$_3^-$ 组分之间的静电势能，显著低于非质子态 C_{12}-DMAA 和 H_2O 组分、Cl$^-$ 组分之间的静电势能[图 5.35（b）、图 5.35（d）和图 5.35（f）]。并且随着含量的增加，质子态 C_{12}-DMAAH$^+$ 和 H_2O 组分、Cl$^-$ 组分和 HCO$_3^-$ 组分之间的静电势能降低非常显著。由此可见，质子态 C_{12}-DMAAH$^+$ 带正电，其与盐水相中的 H_2O、Cl$^-$ 和 HCO$_3^-$ 的静电吸引作用能显著降低界面能量，是导致烷烃—盐水界面张力显著降低的主要原因。

5.1.8 CO$_2$ 响应型乙脒类表面活性剂微观调控机制

实验研究表明，溶液中 C_n-DMAA 在通入 CO$_2$ 气体后会发生质子化。质子态 C_n-DMAAH$^+$ 能够乳化烷烃—水体系，但是非质子化状态的 C_n-DMAA 具有反乳化能力。

利用分子动力学模拟方法研究表明，非质子态 C_n-DMAA 体系界面张力显著高于质子态 C_n-DMAAH$^+$ 体系的界面张力，这与实验研究发现 C_n-DMAAH$^+$ 具有乳化能力，而 C_n-DMAA 具有反乳化能力的现象一致。

研究发现，非质子态 C_n-DMAA 的 N 能够以氢键受体形式与界面处 H_2O 形成氢键，而质子态 C_n-DMAAH$^+$ 的质子 H 能够以氢键供体形式与界面处 H_2O 也能形成氢键。两种情况下所形成的氢键数量以及氢键距离都很接近，这表明界面处的氢键并不是导致 C_n-DMAA 和 C_n-DMAAH$^+$ 乳化能力差异显著的主要原因。研究发现，带负电的 HCO$_3^-$ 和带正电的 C_n-DMAAH$^+$ 都倾向富集于油水界面处。静电势能和范德华势能分析表明，C_n-DMAAH$^+$ 与 H_2O、Cl$^-$、HCO$_3^-$ 之间的静电作用能够显著降低界面能，导致界面张力显著降低。因此，认为质子态 C_n-DMAAH$^+$ 与界面处 HCO$_3^-$ 之间的静电吸引作用是 C_n-DMAAH$^+$ 具有乳化能力的重要原因。

5.1.9 小结

（1）十二烷—C_n-DMAA—NaCl 盐水体系中，非质子态 C_n-DMAA 倾向富集于两相界面处。十二烷—C_n-DMAAH$^+$—NaCl 盐水体系中，质子态 C_n-DMAAH$^+$ 也倾向富集于两相界面处，HCO$_3^-$ 也倾向富集于两相界面处。

（2）非质子态 C_{12}-DMAA 极性基团刚性较弱，更易扭转变形。质子态 C_{12}-DMAAH$^+$、C_{18}-DMAAH$^+$ 和 C_{14}Ph-DMAAH$^+$ 的极性基团刚性较强，具有平面几何结构。空间限制效应导致 C_{12}-DMAAH$^+$、C_{18}-DMAAH$^+$ 和 C_{14}Ph-DMAAH$^+$ 的极性基团在高含量条件下更倾向于斜交和垂直于油水界面。

（3）非质子态 C_n-DMAA 体系界面张力显著高于质子态 C_n-DMAAH$^+$ 体系的界面张力。

（4）非质子态 C_n-DMAA 的 N 能够以氢键受体形式与界面处 H_2O 形成氢键，而质子态 C_n-DMAAH$^+$ 的质子 H 能够以氢键供体形式与界面处 H_2O 也能形成氢键。两类体系的氢键数量以及氢键距离都很接近，这表明界面处的氢键作用并不是导致 C_n-DMAA 和 C_n-DMAAH$^+$ 乳化能力差异显著的主要原因。

（5）范德华势能和静电势能数据表明，质子态 C_n-DMAAH$^+$ 与界面处 HCO$_3^-$ 之间的静电作用显著，而非质子态 C_n-DMAA 与各组分之间的静电作用很弱。因此，静电作用是质

子态 C_n-DMAAH$^+$能显著降低油水两相界面张力，出现乳化现象的重要原因。

5.2 多肽类离子响应表面活性剂分子的动力学模拟

离子开关表面活性剂是指在加入/去除特定的离子后，表面活性剂的结构发生反转，从而实现破乳/乳化等目的的一类特殊结构的表面活性剂。在油田化学中，离子开关表面活性剂因其具有的便于分离和可重复回收的优点，拥有广阔的应用前景。而多肽类表面活性剂因其分子结构可控性强、空间结构易受外界离子环境的变化而变化的特性，已成为离子开关表面活性剂的主要选择对象。

多肽类表面活性剂是一类由氨基酸残基组成，具有表面活性剂结构特征及性质的多肽分子。与氨基酸类表面活性剂相比，多肽类表面活性剂较高的分子链长可以形成较强的空间位阻，实现乳化体系的良好稳定性。

本书以月桂酰肌氨酸和 γ-L-谷氨酰-L-半胱氨酰-甘氨酸两种多肽表面活性剂为例对其形成的油水界面性质进行了模拟计算，并探讨了矿化离子的影响原理。

5.2.1 γ-L-谷氨酰-L-半胱氨酰-甘氨酸多肽表面活性剂的合成

S-苄基-γ-L-谷氨酰-L-半胱氨酰-甘氨酸(0.40g)溶于 20mL MeOH，分五次，每次加入 0.20g 10%钯碳加氢催化剂(Pd/C)和甲酸铵(0.13g)，加热回流反应 10h，冷却后过滤，用 MeOH 洗涤 Pd/C 两次，合并滤液，蒸除溶剂，粗产物溶于 5mL 水，转至阳离子交换柱内，水淋洗，再用氨水淋洗，收集溶液，蒸干，用水重结晶，60℃真空干燥，得到 γ-L-谷氨酰-L-半胱氨酰-甘氨酸。

以还原型 γ-L-谷氨酰-L-半胱氨酰-甘氨酸为原料，碱性条件下经过氧化氢氧化得到氧化型 γ-L-谷氨酰-L-半胱氨酰-甘氨酸。

5.2.2 力场参数选择和模拟体系构建

5.2.2.1 力场参数选择

经过文献调研，采用针对氨基酸和多肽类分子描述较好的 CHARMM 力场定义有机分子(烷烃、月桂酰肌氨酸和 γ-L-谷氨酰-L-半胱氨酰-甘氨酸)力场参数，同时选择与 CHARMM 力场耦合最好的 TIP3P 力场来描述水分子力场参数。Na$^+$、Ca^{2+}、Mg^{2+} 和 Cl$^-$ 的力场参数基于文献调研而选择。

5.2.2.2 十二烷—月桂酰肌氨酸—盐水模拟体系构建

选择十二烷烃为油相，以月桂酰肌氨酸为表面活性剂，分别以 NaCl、CaCl$_2$ 和 MgCl$_2$ 溶液为盐水相。根据表面活性剂含量的不同，构建共计九种十二烷—月桂酰肌氨酸—盐水模拟体系(表5.4)。模拟体系 a、b 方向尺寸固定为 106Å，c 方向尺寸随压力可自由调整，模拟体系初始结构如图 5.36 所示。

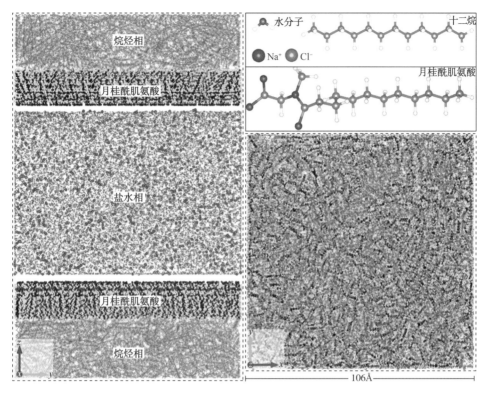

图 5.36　十二烷—月桂酰肌氨酸—盐水模拟体系初始模型(以体系 A-3 为例)

5.2.2.3　十二烷—GSSG—盐水模拟体系构建

选择十二烷烃为油相，以 NaCl 溶液为盐水相，分别以质子化态的 GSSG$^+$(酸性条件)和脱质子化态的 GSSG$^-$(碱性条件)为表面活性剂。根据表面活性剂含量的不同，构建共计六种十二烷—GSSG—NaCl 盐水模拟体系(表 5.5)。模拟体系 a、b 方向尺寸固定为 100Å，c 方向尺寸随模拟过程可自由调整，模拟体系初始结构如图 5.37 所示。

表 5.4　十二烷—月桂酰肌氨酸—盐水模拟体系具体组分构成

模拟体系	模拟体系各组分含量(个)						
	十二烷烃	月桂酰肌氨酸	水分子	Na$^+$	Ca^{2+}	Mg^{2+}	Cl$^-$
体系 A-1	1600	200	20000	560			360
体系 A-2	1600	400	20000	760			360
体系 A-3	1600	600	20000	960			360
体系 B-1	1600	200	20000		280		360
体系 B-2	1600	400	20000		380		360
体系 B-3	1600	600	20000		480		360
体系 C-1	1600	200	20000			280	360
体系 C-2	1600	400	20000			380	360
体系 C-3	1600	600	20000			480	360

表5.5　十二烷—GSSG—NaCl盐水模拟体系具体组分构成

模拟体系	模拟体系各组分含量(个)					
	十二烷烃	GSSG⁺	GSSG⁻	水分子	Na⁺	Cl⁻
体系 D-1	1600	50		20000	80	180
体系 D-2	1600	100		20000	80	280
体系 D-3	1600	160		20000	80	400
体系 D-4	1600	200		20000	80	480
体系 E-1	1600		50	20000	280	180
体系 E-2	1600		100	20000	380	180
体系 E-3	1600		160	20000	500	180
体系 E-4	1600		200	20000	580	180

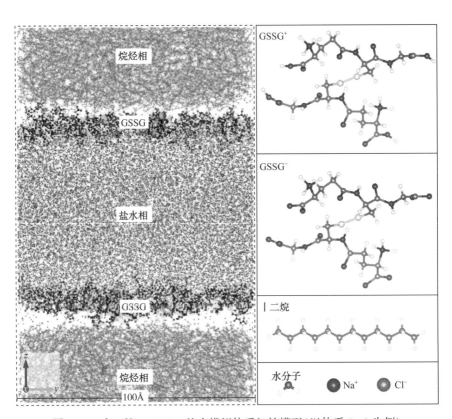

图5.37　十二烷—GSSG—盐水模拟体系初始模型(以体系 D-2 为例)

5.2.2.4　模拟设置

计算模拟均采用 LAMMPS 软件,利用南京大学 Flex 高性能计算集群完成。各模拟体系均首先进行至少 20ns NPT 模拟以达到结构和能量的平衡,再进行 5ns NVT 模拟以采集分析数据。各模拟体系温度压力均为常温常压($T=300\text{K}$,$p=1\text{atm}$),L-J 势和库仑势计算的截断半径为 12.0Å,PPPM 方法计算长程库仑势的精度设为 10^{-5},时间步长为 10fs,数据采样步长为 0.1ps,轨迹采样步长为 2.5ps。

5.2.3　十二烷—月桂酰肌氨酸—盐水体系界面性质

5.2.3.1　十二烷—月桂酰肌氨酸—盐水体系平衡构型

　　十二烷—月桂酰肌氨酸—盐水（NaCl、CaCl$_2$、MgCl$_2$）体系的最终平衡结构，如图 5.38 至图 5.40 所示。由图 5.38 至图 5.40 可知，无论月桂酰肌氨酸含量高低，月桂酰肌氨酸均倾向分布于烷烃—盐水界面上，既不溶于烷烃相，也不溶于盐水相 [图 5.38 (a) 至图 5.38 (c)、图 5.39 (a) 至图 5.39 (c)、图 5.40 (a) 至图 5.40 (c)]。月桂酰肌氨酸的极性基团指向盐水相，非极性烷烃指向烷烃相。月桂酰肌氨酸含量低时，月桂酰肌氨酸在油水

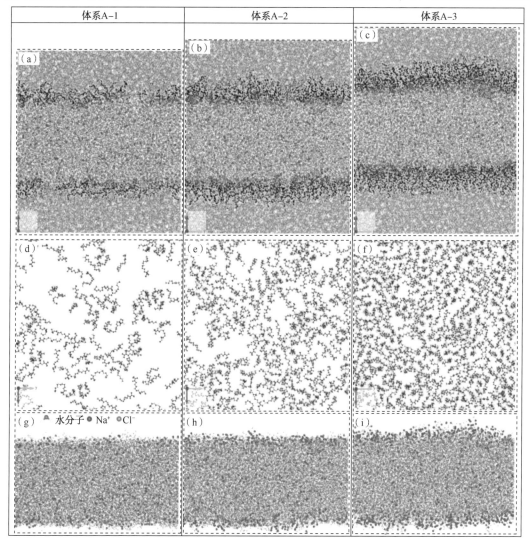

图 5.38　十二烷—月桂酰肌氨酸—NaCl 盐水体系平衡构型

（a）、（b）和（c）分别是体系 A–1、体系 A–2 和体系 A–3 平衡构型侧视图；（d）、（e）和
（f）是三种模拟体系的月桂酰肌氨酸组分平衡构型顶视图；
（g）、（h）和（i）是三种模拟体系的盐水组分平衡构型侧视图

界面处的分布并不均匀，而是具有相对聚集的趋势[图 5.38（d）、图 5.39（d）、图 5.40（d）]。随着月桂酰肌氨酸含量增加，月桂酰肌氨酸趋于均匀分布于油水界面处[图 5.38（f）、图 5.39（f）、图 5.40（f）]。由于月桂酰肌氨酸的极性端呈负电性，其与盐水中带正电的 Na^+、Ca^{2+} 和 Mg^{2+} 间的静电吸引作用力较强，因此盐水中的 Na^+、Ca^{2+} 和 Mg^{2+} 都显著富集于油水界面处[图 5.38(g)至图 5.38(i)、图 5.39(g)至图 5.39(i)、图 5.40(g)至图 5.40(i)]。

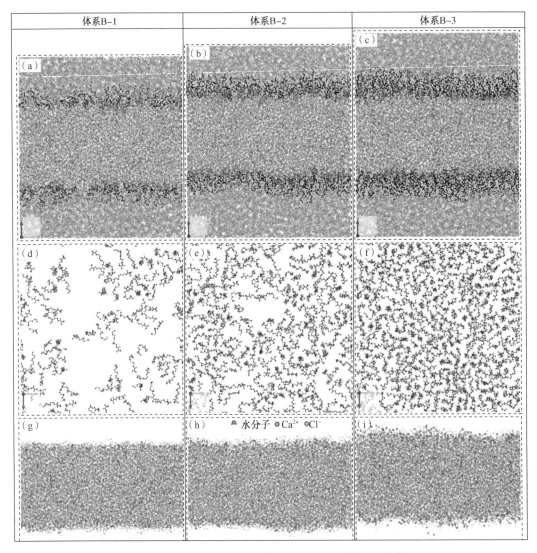

图 5.39　十二烷—月桂酰肌氨酸—CaCl₂盐水体系平衡构型

（a）、（b）和（c）分别是体系 B-1、体系 B-2 和体系 B-3 平衡构型侧视图；

（d）、（e）和（f）是三种模拟体系的月桂酰肌氨酸组分平衡构型顶视图；

（g）、（h）和（i）是三种模拟体系的盐水组分平衡构型侧视图

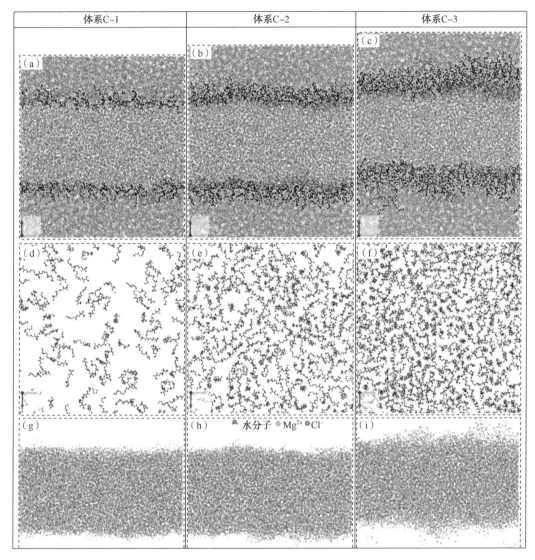

图 5.40　十二烷—月桂酰肌氨酸—MgCl₂ 盐水体系平衡构型

（a）、（b）和（c）分别是体系 C-1、体系 C-2 和体系 C-3 平衡构型侧视图；

（d）、（e）和（f）是三种模拟体系的月桂酰肌氨酸组分平衡构型顶视图；

（g）、（h）和（i）是三种模拟体系的盐水组分平衡构型侧视图

5.2.3.2　十二烷—月桂酰肌氨酸—盐水体系界面处月桂酰肌氨酸参与阳离子配位

根据阳离子（即 Na^+、Ca^{2+} 和 Mg^{2+}）与水分子的 O_w 以及月桂酰肌氨酸的 OG2D1 和 OG2D2 之间径向分布函数的计算结果，可分析界面处月桂酰肌氨酸是否参与阳离子的配位结构。$Na^+\cdots$OG2D2、$Na^+\cdots$OG2D1 和 $Na^+\cdots O_w$ 径向分布函数的第一个峰值分别位于 2.27Å、2.30Å 和 2.32Å 处；$Ca^{2+}\cdots$OG2D2、$Ca^{2+}\cdots$OG2D1 和 $Ca^{2+}\cdots O_w$ 径向分布函数的第一个峰值分别位于 2.32Å、2.42Å 和 2.42Å 处；$Mg^{2+}\cdots$OG2D2、$Mg^{2+}\cdots$OG2D1 和 $Mg^{2+}\cdots O_w$ 径向分布函数的第一个峰值分别位于 1.95Å、2.05Å 和 2.05Å 处（图 5.41）。这表明三

种盐水体系界面处月桂酰肌氨酸的 OG2D2 和 OG2D1 都可直接参与 Na⁺、Ca²⁺ 和 Mg²⁺ 的第一层配位结构。Na⁺、Ca²⁺ 和 Mg²⁺ 与 OG2D2 的配位距离都略小于和 Ow 的配位距离，这表明月桂酰肌氨酸的 OG2D2 与阳离子之间的相互作用更强。随着界面处月桂酰肌氨酸含量的增加，Na⁺、Ca²⁺ 和 Mg²⁺ 的第一层配位结构中水分子 Ow 的贡献降低，月桂酰肌氨酸 OG2D2 和 OG2D1 的贡献增加，且 OG2D2 的贡献远高于 OG2D1（图 5.42）。这也表明月桂酰肌氨酸的 OG2D2 与阳离子之间的相互作用更强。但是月桂酰肌氨酸的分子结构比水分子大，空间位阻效应较强，因此相对水分子而言，更易于参与阳离子的配位，对配位数的贡献更高。而且 Mg²⁺ 配位结构中水分子配位占比明显高于 Na⁺ 和 Ca²⁺，这与 Mg²⁺ 具有更强的水化能力有关。

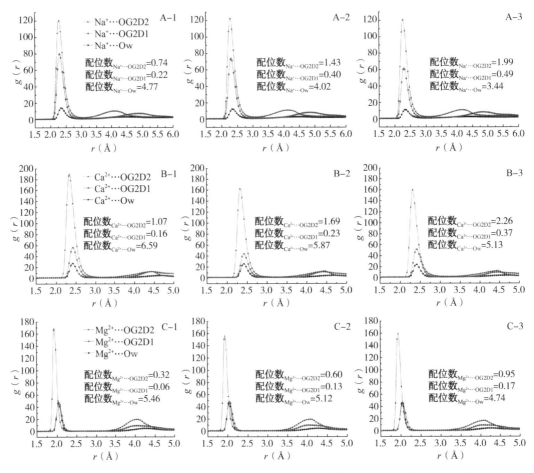

图 5.41　十二烷—月桂酰肌氨酸—盐水体系中 Na⁺、Ca²⁺、Mg²⁺ 与月桂酰肌氨酸的
OG2D2、OG2D1 和水分子 Ow 的径向分布函数

十二烷—月桂酰肌氨酸—盐水体系界面处 Na⁺、Ca²⁺ 和 Mg²⁺ 典型配位结构如图 5.43 所示。单个月桂酰肌氨酸分子的 OG2D2 能以单齿形式 [图 5.43（a）、图 5.43（f）、图 5.43（k）] 和双齿形式 [图 5.43（b）、图 5.43（g）、图 5.43（l）] 参与 Na⁺、Ca²⁺ 和 Mg²⁺ 的配位结构。两个 [图 5.43（c）、图 5.43（h）、图 5.43（m）、图 5.43（n）] 或三个 [图 5.43（e）、图 5.43（j）] 月桂酰肌氨酸分子同时参与 Na⁺、Ca²⁺ 和 Mg²⁺ 的配位结构。此外，单个月桂酰肌

氨酸分子同时参与两个阳离子配位结构的形式也普遍存在[图 5.43(d)、图 5.43(i)、图 5.43(o)、图 5.43(p)]。

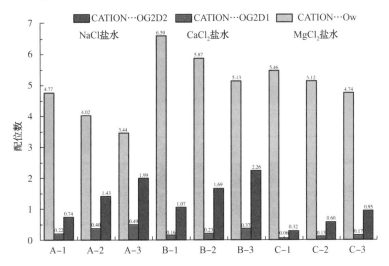

图 5.42 十二烷—月桂酰肌氨酸—盐水体系中 Na⁺、Ca²⁺、Mg²⁺与
月桂酰肌氨酸的 OG2D2、OG2D1 和水分子 Ow 的配位数

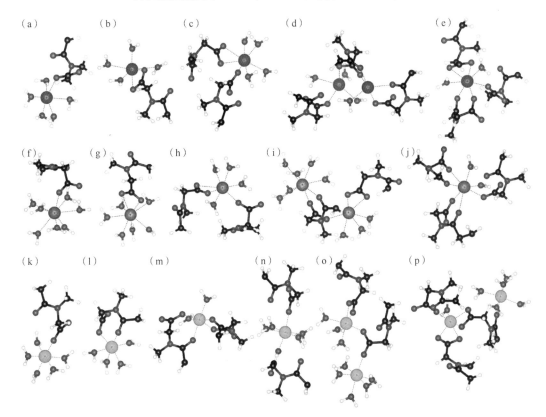

图 5.43 十二烷—月桂酰肌氨酸—盐水体系中 Na⁺[(a)~(e)]、Ca²⁺[(f)~(j)]、Mg²⁺[(k)~(p)]与
月桂酰肌氨酸的 OG2D2、OG2D1 和水分子 Ow 的配位结构(月桂酰肌氨酸的长链烷烃部分被隐藏以便清晰显示)

综上所述，月桂酰肌氨酸的 OG2D2 与 Na$^+$、Ca^{2+} 和 Mg^{2+} 有较强的相互作用，能够直接参与阳离子配位，形成多种配位结构，能显著地降低油水两相的界面能。因此，月桂酰肌氨酸具有良好的表面活性剂性能。

5.2.3.3 十二烷—月桂酰肌氨酸—盐水体系界面处月桂酰肌氨酸与水分子形成氢键

本研究计算了月桂酰肌氨酸的氧(OG2D1 和 OG2D2)与水分子的氢(Hw)之间的径向分布函数，其峰值位置可以反映界面处月桂酰肌氨酸与水分子之间是否形成氢键。

由图 5.44 可知，NaCl、CaCl$_2$ 和 MgCl$_2$ 三种盐水体系中，月桂酰肌氨酸的 OG2D2 和 OG2D1 与水分子 Hw 的径向分布函数分别在 1.60Å 和 1.72Å 处出现显著的单峰，该峰位置与水分子 Ow 和 Hw 之间径向分布函数的峰值位置(1.70Å)基本一致。这表明界面处月桂酰肌氨酸的 OG2D2 和 OG2D1 可作为氢键受体与水分子之间形成氢键，氢键距离分别约为 1.60Å 和 1.72Å。OG2D2 形成的氢键距离小于 OG2D1，且径向分布函数峰值更高，这表明 OG2D2 形成的氢键强度高于 OG2D1。

此外，在三种盐水体系的月桂酰肌氨酸的 N 与水分子 Hw 之间的径向分布函数计算结果中，在 1.70Å 处都未出现峰值。这表明月桂酰肌氨酸的 N 不能与水分子形成氢键。

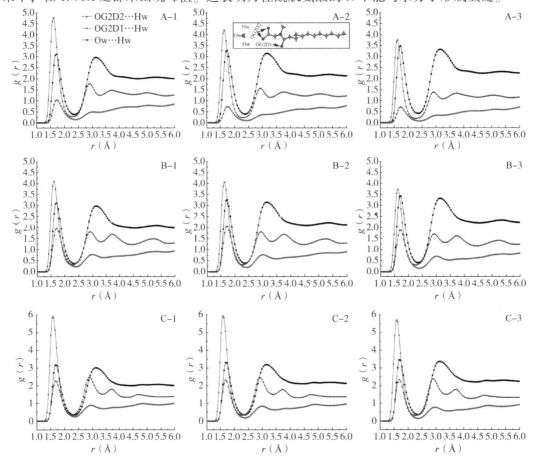

图 5.44 月桂酰肌氨酸 OG2D2⋯水 Hw、OG2D1⋯水 Hw 和水 Ow⋯水 Hw 的径向分布函数

界面处月桂酰肌氨酸与水分子之间氢键数量的统计结果如图 5.45 所示，月桂酰肌氨酸的 OG2D2 与水分子之间的氢键数显著高于 OG2D1 与水分子之间的氢键数。这表面月桂酰肌氨酸与水分子间相互作用的主要贡献源于 OG2D2 作为氢键受体与水分子之间的氢键作用。$MgCl_2$ 盐水体系中月桂酰肌氨酸与水分子之间的氢键数量显著高于 NaCl 和 $CaCl_2$ 盐水体系，这是由于月桂酰肌氨酸参与 Mg^{2+} 配位结构的占比低于 Na^+ 和 Ca^{2+}，因此 $MgCl_2$ 盐水体系界面处能与水分子形成氢键的月桂酰肌氨酸占比更高。

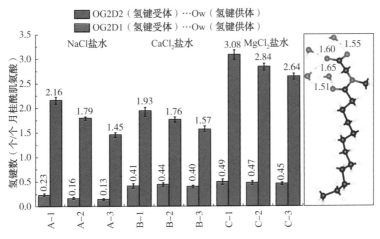

图 5.45　十二烷—月桂酰肌氨酸—盐水体系界面处氢键数量

随着界面处月桂酰肌氨酸含量的增加，单个月桂酰肌氨酸分子的 OG2D2 形成的氢键数量略有降低，但是界面处月桂酰肌氨酸与水分子之间的氢键总数量增加。这表明月桂酰肌氨酸含量增加能显著增加界面处氢键数量，显著降低油水两相的界面能。因此，月桂酰肌氨酸具有良好的表面活性剂性能。

5.2.3.4　十二烷—月桂酰肌氨酸—盐水体系界面张力计算

月桂酰肌氨酸低含量条件下，三种十二烷—月桂酰肌氨酸—盐水体系界面张力基本一致（分别约为 54.9mN/m、55.9mN/m 和 54.2mN/m），略微低于十二烷—NaCl 盐水体系（约为 60.0mN/m）（图 5.46）。随着月桂酰肌氨酸含量的增加，三种十二烷—月桂酰肌氨酸—盐水体系界面张力都显著降低（分别约为 20.6mN/m、15.8mN/m 和 10.3mN/m），这表明月桂酰肌氨酸具有良好的表面活性剂性能。

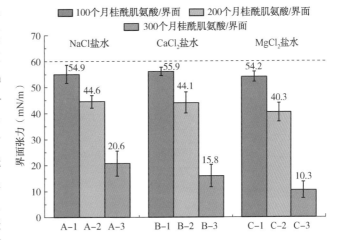

图 5.46　十二烷—月桂酰肌氨酸—盐水体系界面张力
水平虚线为十二烷—NaCl 盐水体系的界面张力

5.2.4 十二烷—GSSG—NaCl 盐水体系界面性质

5.2.4.1 十二烷—CSSG—NaCl 盐水体系平衡构型

酸性条件下，γ-L-谷氨酰-L-半胱氨酰-甘氨酸（GSSG）的羧基以质子化态存在（GSSG$^+$），其结构如图 5.47 所示。四种 GSSG$^+$ 含量条件下，十二烷—GSSG$^+$—NaCl 盐水体系的最终平衡结构如图 5.47 所示。其中，低 GSSG$^+$ 含量条件下，GSSG$^+$ 分子倾向平行分布于烷烃—盐水界面上，既不溶于烷烃，也不溶于盐水[图 5.47（a）、图 5.47（i）；图 5.47（b）、图 5.47（j）]。高 GSSG$^+$ 含量条件下，界面被 GSSG$^+$ 占满，剩余 GSSG$^+$ 倾向溶于 NaCl 盐水相，但不溶于烷烃相[（图 5.47（c）、图 5.47（k）；图 5.47（d）、图 5.47（l）]。由于 GSSG$^+$ 呈正电性，其与盐水中带负电的 Cl$^-$ 间的静电吸引作用力较强，因此盐水中的 Cl$^-$ 显著富集于油水界面处[图 5.47（e）至图 5.47（h）]。

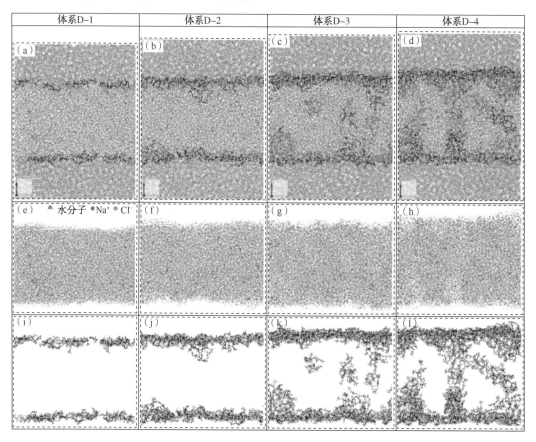

图 5.47　四种十二烷—GSSG$^+$—NaCl 盐水体系平衡构型

（a）、（b）、（c）和（d）分别是体系 D-1、体系 D-2、体系 D-3 和体系 D-4 平衡构型；

（e）、（f）、（g）和（h）是四种模拟体系的盐水组分平衡构型；

（i）、（j）、（k）和（l）是四种模拟体系的 GSSG$^+$ 组分平衡构型

碱性条件下，GSSG 的羧基以脱质子化态存在（GSSG$^-$），其结构如图 5.48 所示。四种 GSSG$^-$ 含量条件下，十二烷—GSSG$^-$—NaCl 盐水体系的最终平衡结构如图 5.48 所示。其

中，GSSG⁻分子主要分布于烷烃—盐水界面上，部分 GSSG⁻ 分子可溶于 NaCl 盐水相，但不溶于烷烃相。由于 GSSG⁻ 呈负电性，其与盐水中带正电的 Na⁺ 间的静电吸引作用力较强，因此盐水中的 Na⁺ 显著富集于油水界面处[图 5.48(e)至图 5.48(h)]。

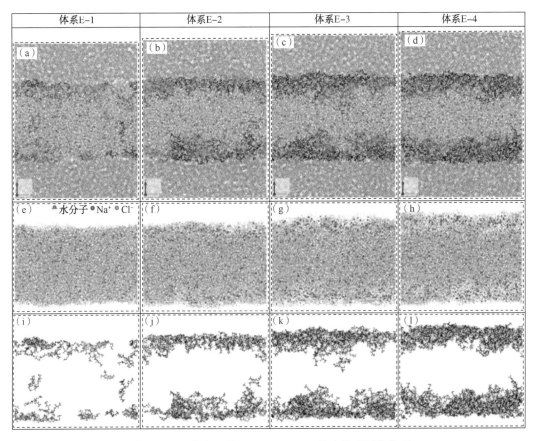

图 5.48　四种十二烷—GSSG⁻—NaCl 盐水体系平衡构型

(a)、(b)、(c)和(d)分别是体系 E-1、体系 E-2、体系 E-3 和体系 E-4 平衡构型；

(e)、(f)、(g)和(h)是四种模拟体系的盐水组分平衡构型；

(i)、(j)、(k)和(l)是四种模拟体系的 GSSG⁻ 组分平衡构型

5.2.4.2　十二烷—GSSG—NaCl 盐水体系界面处 GSSG 与水分子形成氢键

酸性条件下，GSSG⁺分子结构中不同位置的 O、N 和 H 具有不同的化学环境，所带电荷有差异。图 5.49 根据电荷的差异定义了 GSSG⁺不同 O(OG2D1a、OG2D1b 和 OG2D1c)和 N(NG3P3、NG2S1a 和 NG2S1b)，以及与它们成键的 H(HPG1ab 与 OG2D1a/OG2D1b 成键，HGP1a 与 NG2S1a 成键，HGP1b 与 NG2S1b 成键，HGP2 与 NG3P3 成键)。

不同 GSSG⁺含量条件下，GSSG⁺羧基 H(HPG1ab)⋯水 Ow 的径向分布函数在 1.75Å 处都出现显著峰[图 5.49(a)、图 5.49(e)、图 5.49(i)和图 5.49(m)]，表明 GSSG⁺羧基 H 可作为氢键供体与水分子形成氢键。GSSG⁺不同位置的 O(OG2D1a、OG2D1b 和OG2D1c)⋯水 Hw 的径向分布函数在 1.75Å 处都出现显著峰[图 5.49(a)、图 5.49(e)、图 5.49(i)和

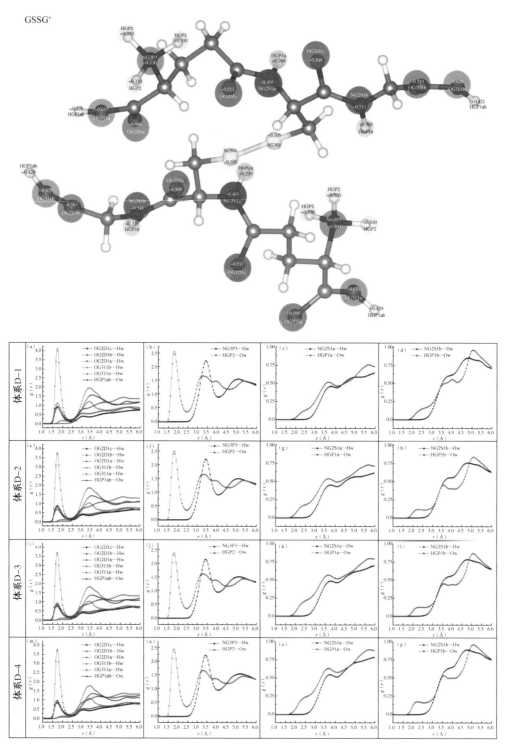

图 5.49 酸性条件下质子化态 GSSG[+] 的 O(OG2D1a、OG2D1b 和 OG2D1c)、N(NG3P3、NG2S1a 和 NG2S1b)⋯水 Hw 以及 H(HGP1ab、HGP1a、HGP1b 和 HGP2)⋯水 Ow 的径向分布函数

图 5.49（m）］，这表明 GSSG$^+$ 的 O 可作为氢键受体与水分子形成氢键。GSSG$^+$ 的 NG3P3…水 Hw 的径向分布函数在氢键距离处未出现峰值，但是与其成键的 HGP2…水 Ow 的径向分布函数在 1.82Å 处出现显著峰［图 5.49（b）、图 5.49（f）、图 5.49（g）和图 5.49（n）］，表明 GSSG$^+$ 的 HGP2 可作为氢键供体与水分子形成氢键。GSSG$^+$ 的 NG2S1a、NG2S1b…水 Hw，以及 HGP1a、HGP1b…水 Ow 的径向分布函数在形成氢键对应的距离处未出现峰值［图 5.49（c）、图 5.49（d）、图 5.49（g）、图 5.49（h）、图 5.49（k）、图 5.49（l）、图 5.49（o）、图 5.49（p）］，表明无氢键形成。

碱性条件下，GSSG$^-$ 分子结构中不同位置的 O、N 和 H 也具有不同的化学环境和电荷量。图 5.50 根据电荷的差异定义了 GSSG$^-$ 不同 O（OG2D1、OG2D2）和 N（NG3P3、NG2S1a 和 NG2S1b），以及与 N 成键的 H（HGP1a 与 NG2S1a 成键，HGP1b 与 NG2S1b 成键，HGP2 与 NG3P3 成键）。

不同 GSSG$^-$ 含量条件下，GSSG$^-$ 的 OG2D1…水 Hw 和 OG2D2…水 Hw 的径向分布函数分别在 1.65Å 和 1.75Å 处出现显著峰［图 5.50（a）、图 5.50（e）、图 5.50（i）、图 5.50（m）］，这表明 GSSG$^+$ 的 O 可作为氢键受体与水分子形成氢键。GSSG$^-$ 的 NG3P3…水 Hw 的径向分布函数在形成氢键对应的距离处未出现峰值，但是与其成键的 HGP2…水 Ow 的径向分布函数在 1.82Å 处出现显著峰［图 5.50（b）、图 5.50（f）、图 5.50（g）、图 5.50（n）］，表明 GSSG$^-$ 的 HGP2 可作为氢键供体与水分子形成氢键。GSSG$^-$ 的 NG2S1a，NG2S1b…水 Hw；HGP1a，HGP1b…水 Ow 的径向分布函数在形成氢键对应的距离处未出现峰值［图 5.50（c）、图 5.50（d）、图 5.50（g）、图 5.50（h）、图 5.50（k）、图 5.50（l）、图 5.50（o）、图 5.50（p）］，表明无氢键形成。

GSSG$^+$ 和 GSSG$^-$ 同水分子之间形成氢键数量的统计结果如图 5.51 所示。单个 GSSG$^-$ 与水分子之间的氢键数显著高于单个 GSSG$^+$ 与水分子之间的氢键数。单个 GSSG$^+$ 分子与水分子之间形成的氢键总数为 4.06～4.46 个。其中，OG311ab 作为氢键供体与水分子之间形成的氢键数贡献最高（1.56～1.91 个），NG3P3 作为氢键供体与水分子之间形成的氢键数为 0.93～1.03 个，OG2D1ab 和 OG2D1c 作为氢键受体与水分子之间形成的氢键数分别为 0.66～0.78 个和 0.74～0.83 个，也具有一定贡献。单个 GSSG$^-$ 分子与水分子之间形成的氢键总数为 9.27～10.88 个。其中，OG2D2 作为氢键受体与水分子之间形成的氢键数为 7.27～8.86 个，比例最高。OG2D1c 作为氢键受体与水分子之间形成的氢键数为 1.27～1.37 个，NG3P3 作为氢键供体与水分子之间形成的氢键数为 0.59～0.69 个。

碱性条件下 GSSG$^-$ 与水分子间的氢键数量是酸性条件下 GSSG$^+$ 与水分子间氢键数量的两倍以上。这表明碱性条件下 GSSG$^-$ 能显著降低油水两相的界面能，GSSG$^-$ 的表面活性剂性能优于 GSSG$^+$。通过调节溶液的 pH，改变 GSSG 的质子化状态，进而达到调控 GSSG 的表面活性剂性能的目的。

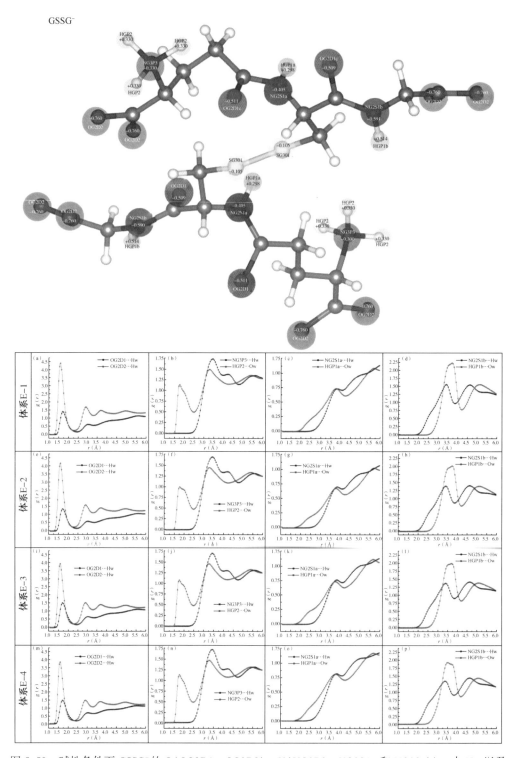

图 5.50 碱性条件下 GSSG⁻ 的 O（OG2D1、OG2D2）、N（NG3P3、NG2S1a 和 NG2S1b）⋯水 Hw 以及
H（HGP2、HGP1a 和 HGP1b）⋯水 Ow 的径向分布函数

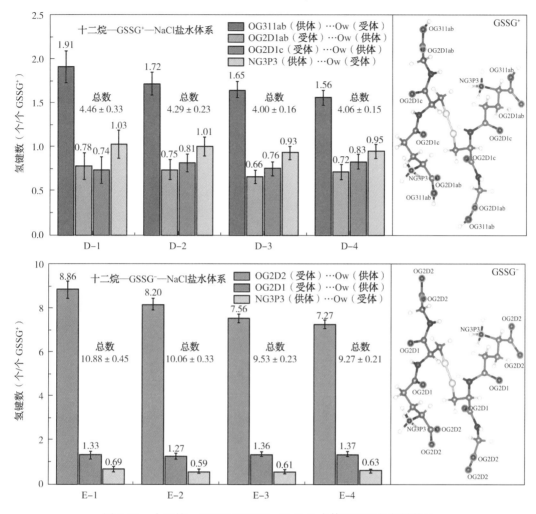

图 5.51　十二烷—GSSG⁺/GSSG⁻—NaCl 盐水体系界面处氢键数量

5.2.4.3　十二烷—GSSG⁻—NaCl 盐水体系界面处 GSSG⁻ 参与 Na⁺ 配位

根据 Na⁺ 与 GSSG⁻ 的 O(OG2D1 和 OG2D2) 和 N(NG2S1 和 NG3P3) 之间的径向分布函数的计算结果，可判断 GSSG⁻ 是否参与 Na⁺ 的配位结构。Na⁺…OG2D2、Na⁺…OG2D1 和 Na⁺…Ow 径向分布函数的第一个峰值分别位于 2.27Å、2.32Å 和 2.32Å 处(图 5.52)。这表明十二烷—GSSG⁻—NaCl 盐水体系界面处 GSSG⁻ 的 OG2D2 和 OG2D1 都可直接参与 Na⁺ 第一层配位结构，且 OG2D2 参与 Na⁺ 配位的数量远高于 OG2D1。单个 GSSG⁻ 分子的 OG2D2 能以双齿形式[图 5.53(a)]参与 Na⁺ 配位结构。两个 GSSG⁻ 分子同时参与 Na⁺ 配位结构，以及单个 GSSG⁻ 分子同时参与两个 Na⁺ 配位结构的形式也普遍存在[图 5.53(b)]。碱性条件下，界面处 GSSG⁻ 参与 Na⁺ 配位结构能显著降低油水两相的界面能，增强 GSSG⁻ 表面活性剂性能。

酸性条件下，GSSG⁺ 与 Na⁺ 的库仑排斥作用力较强，GSSG⁺ 参与 Na⁺ 配位的概率极低。因此，GSSG⁺ 难以通过参与 Na⁺ 配位结构的方式降低油水两相界面能，GSSG⁺ 的表面活性剂性能较差。

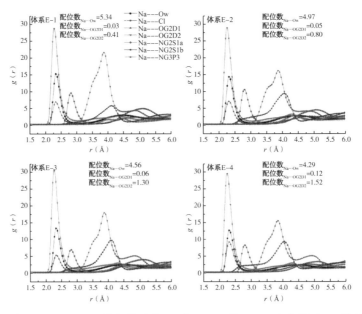

图 5.52 十二烷—GSSG⁻—NaCl 盐水体系中 Na⁺ 与 GSSG⁻ 的 O、N 和水分子 Ow 的径向分布函数

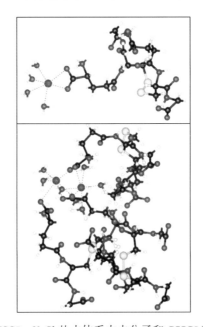

图 5.53 十二烷—GSSG⁻—NaCl 盐水体系中水分子和 GSSG⁻ 参与 Na⁺ 配位的结构图

5.2.5 小结

（1）油水界面处的月桂酰肌氨酸可与水分子形成氢键，还可参与 Na^+、Ca^{2+} 和 Mg^{2+} 的配位结构。两种机制都能有效降低油水两相界面能，因此月桂酰肌氨酸具有良好的表面活性剂性能。

（2）碱性条件下 GSSG⁻ 与水分子间的氢键数量远高于酸性条件下 GSSG⁺ 与水分子间的